일러두기

이 책에 수록된 모든 그림은
48.5cm x 37cm 크기의
한지 위에 수채화 물감,
아크릴 물감, 먹물을 이용해
그렸습니다.

본문의 작은 글씨 각주는
모두 편집자주입니다.

글 그림
박시룡

황새가 살 수 없는 땅 사람도 살지 못해요

목수책방
木水冊房

들어가는
글

나는 박정희 대통령 시절에 대학을 다녔습니다. 대학생들의 데모를 막기 위해 위수령육군 부대가 한 지역에 계속 주둔하면서 그 지역의 경비, 군대의 질서와 군기 감시, 시설물 보호를 수행하기 위해 제정된 대통령령을 발동했던 시절이었습니다. 그래서 대학교 4년 과정 중 절반의 시간은 학교에 들어갈 수 없어 수업을 제대로 받지 못했습니다. 당시 우리나라에 마지막 황새가 나타났다는 뉴스가 국내 언론을 뜨겁게 달구었던 적이 있었습니다.

생물학도였던 나는 유학의 꿈을 꾸었습니다. 대학원 석사과정을 마쳤지만 국내에는 나의 관심 분야였던 동물의 행동·생태를 배울 수 있는 곳이 없었습니다. 결국 독일로 유학을 떠났습니다. 6년 동안 독일 본대학교 동물학연구소에서 박사학위 과정을 마치고 우리나라 대학의 동물학 교수가 되기까지 13년이라는 세월이 흘렀습니다. 긴 시간은 아니었지만 그동안 우리나라는 너무 많이 변했습니다.

우리는 극히 짧은 시간에 고도성장을 이룬 나라입니다. 하지만 고도성장의 빛 뒤에는 그림자도 있는 법. 어느 날 내 기억 속에 우리나라에서 멸종된 '황새'가 소환되었습니다. 황새가 우리나라 생태계의 우산종이라는 사실을 깨닫게 되는 순간이었습니다. 우산종은 어느 지역의 생태 피라미드 구조, 먹이사슬의 최상층에 있는 생물 종을 말합니다. 우산을 펼치듯 넓은 면적의 생물다양성을 유지하고 생태계를 보호할 수 있다는 의미에서 '우산'종입니다. 우산종을 보호하면 생태계 피라미드 아래쪽의 동식물이 되살아납니다. 그래서 종 복원을 시도해 우산종인 황새를 다시 이 땅에 불러와야겠다는 생각을 할 수밖에 없었습니다. 황새 복원은 독일 유학을 마치고 교수로 재직하면서 내가 할 수 있는 일이었습니다.

황새는 멸종 위기 종 가운데 유일하게 사람들이 사는 곳에 살고 있는 종입니다. 그래서 주민들의 도움 없이는 살 수 없습니다. 이 책에는 과거 황새가 둥지 틀고 살았던 황새 고향 마을 사람들

들어가는 글

이야기부터, 1971년 충북 음성의 마지막 황새를 지켜본 이야기, 1996년 황새를 러시아 아무르강(흑룡강) 유역에서 우리나라로 데리고 들어온 이야기, 20년 동안 연구실에서 황새를 증식시킨 과정에 관한 이야기는 물론, 그 황새를 다시 자연으로 돌려보내기까지 시도했던 여러 가지 일에 관한 진솔한 삶의 여정이 담겨 있습니다. 무엇보다 현재 답보 상태인 한국 황새 복원 프로젝트가 다시 시작되기를 간절히 바라는 마음으로 지난 27년간 진행했던 황새 복원에 관한 이야기도 해 보려고 합니다.

생태계의 중심은 인간이 아닙니다. 인간도 호모 사피엔스라는 생물 종에서 벗어날 수 없습니다. 우리 조상들은 처음 황새가 이 땅에 터 잡고 살기 시작한 이후에 출현했습니다. 어찌 보면 지금 우리는 황새들이 살았던 땅을 빼앗고 살고 있다 해도 과언이 아닙니다. 우리는 과거 보릿고개 시절을 경험하며 살았습니다. 그때까지만 해도 황새는 우리 곁에서 생태계의 최상위 종으로 살았습니다.

그런데 농산물을 대량으로 생산하기 위해 무분별하게 농약을 살포하기 시작하면서 황새들의 삶터가 완전히 파괴되어 버렸습니다. 아직 우리 농촌은 생태계 파괴의 주범인 제초제(농약) 살포의 유혹에서 벗어나지 못하고 있습니다. 황새가 우리 생태계의 모습을 바라보았다면 이렇게 물을 것입니다. "과연 이곳이 선진국일까?"

나는 야생에 방사한 황새를 살리기 위해 정년이 훨씬 지난 나이지만 국회의사당 앞에서 선진국 법이라고들 말하는 '농경지생태관리기본법' 일명 황새법 제정을 위해 1인 시위를 했습니다. 혼자서 감당할 수 없는 일이라 이 책의 지면을 빌어 독자들에게 호소하기로 마음먹었습니다. 정치 지도자의 '생태 복원' 선언은 우리나라가 진정한 선진국이 되기 위해 꼭 필요합니다.

나는 '황새 복원'이라는 소원을 담아 매일 한지 48.5×37센티미터 위에 수채화를 그리고 있습니다. 지금까지 그린 2000여 점의 그림 중 70여 작품을 이 책에 수록했습니다. 정년퇴임을 하고 8년째 한지 그림을 그리고 있습니다. 1000마리의 학을 접으면 소원이 이루어진다는 말이 있는데, 그림을 2000여 점이나 그렸는데 아직 내 소원은 이루어질 기미가 보이지 않습니다. 소원이 이루어질 때까지 내가 그린 그림을 팔아 황새가 살아갈 수 있는 땅을 위해, 농약을 뿌리지 않고 농사짓는 농민들을 위해 쓰는 것이 앞으로 남은 나의 인생 마지막 소망입니다.

그럼 지금부터 황새가 우리 선조들과 함께 살았던 과거의 이야기를 시작으로 황새가 한반도에서 사라진 뒤 다시 우리나라에

들어가는 글

들어오기까지의 과정, 그리고 다시 영영 사라질 위기를 맞고 있는 지금 상황에 관한 이야기를 해 보겠습니다. 생태계에서 하나의 종이 사라진다는 것이 어떤 의미인지, 황새가 살 수 없는 땅에 왜 인간도 살 수 없는지, 이 책으로 깨닫게 되었으면 합니다. 우리 곁에서 사라진 황새 이야기를 한 번쯤 애정 어린 시선으로 바라봐 주었으면 좋겠습니다.

박시룡

한국교원대학교 명예교수
현 KBS 〈동물의 왕국〉 감수자

의식 행동2017 황새는 친밀한 관계를 강화하기 위해 한 쌍이 머리를 등 뒤로 제친 후 부리를 부딪쳐 앞으로 당기면서 '따따딱' 소리를 내는 행동을 한다.

들어가는 글

차례

004　들어가는 글

1. 옛날 옛적 우리 마을에 황새가 살았습니다

014　우리나라에서 흔하게 볼 수 있었던 황새
027　황새 지킴이, 김영도를 찾아서
046　황새 부부를 지키며 남편을 기다린 이예순과 사라진 황새
057　대를 이어 황새 지킴이를 자처한 김중철

2. 다시 황새가 사는 마을을 꿈꾸며

074　황새란 어떤 새인가
087　황새 복원의 시작, 러시아에서 데려온 황새
096　어떻게 키울 것인가, 난관의 연속
099　고귀한 탄생과 그렇지 못한 현실
105　황새야생복귀식과 일본으로 날아가다 생을 마친 산황이

3
장애물에
가로막힌
황새 복원
연구

122 종 복원은 왜 필요한가?
127 황새 복원은 연구사업이
    되어야 한다
134 못다 이룬 황새연구재단 설립의 꿈
138 내가 그림을 그리는 이유
149 죽기 전에 꼭 하고 싶은 일

4
황새가
살 수 없는 세상
우리도
살 수 없습니다

160 황새는 왜 사라졌는가
166 '황새법'이 필요한 이유
174 한반도 황새 복원의 성공을
    위하여
186 점점 황새들의 무덤이 되고 있는
    땅
192 종 복원에 성공한 여러 나라의
    사례
202 우리에게도 생태 복원을 천명할
    '지도자'가 필요하다
212 기후변화로
    멸종 위기 상황에 처한 새들

220 글을 마치며
    - 새 군수님께 드리는 글

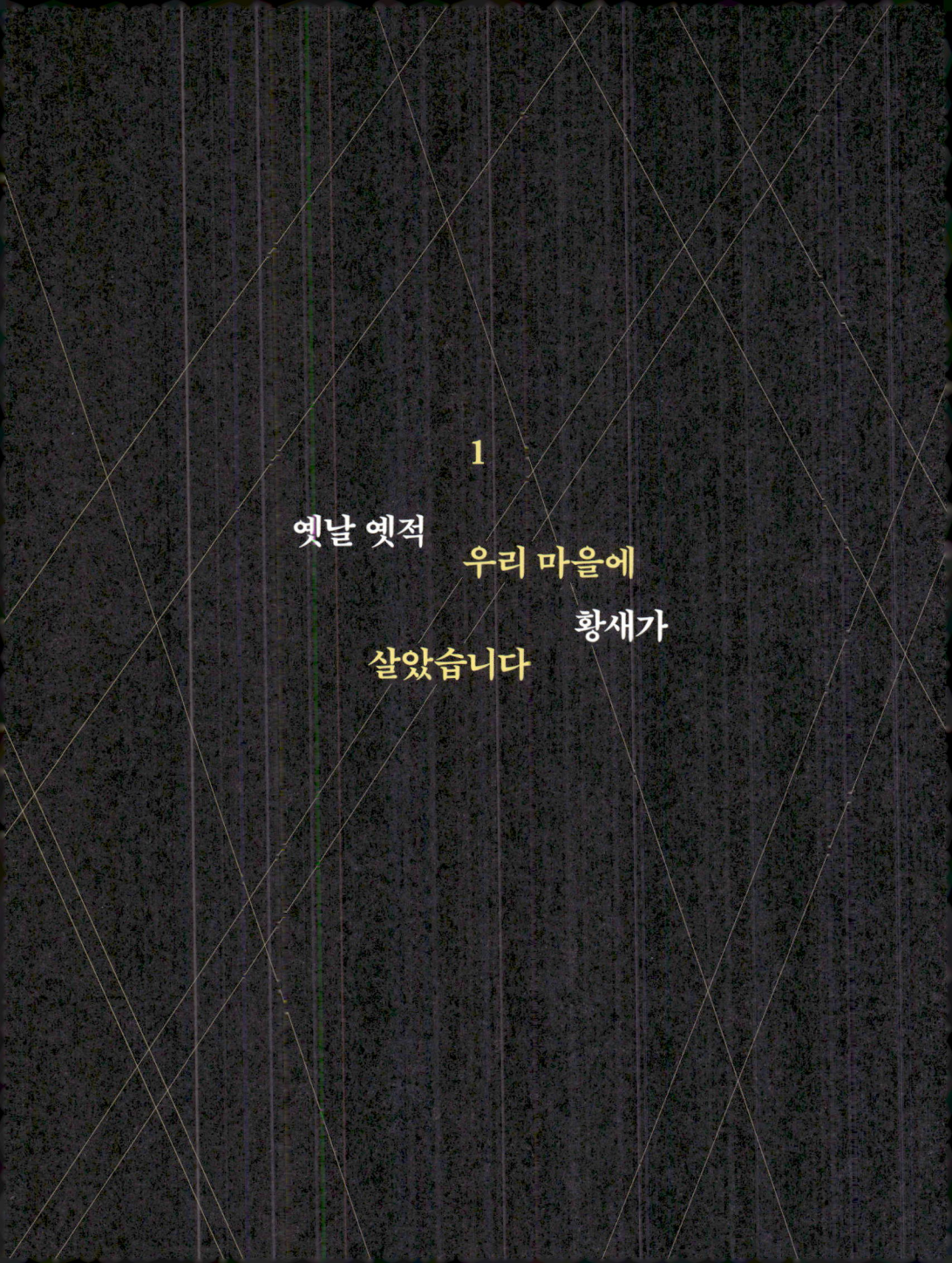

우리나라에서
　　　　흔하게 볼 수 있었던
황새

황새는 멸종위기야생생물 I급 보호조이자 천연기념물이다. 얼마 전까지만 해도 황새는 우리 곁에 있었지만, 이제는 우리 곁에서 '사라진 새'가 되었다. 과거 우리 조상들에게 황새는 흔한 새였다. 조선 땅에서 황새가 얼마나 많이 살았는지에 관한 과학적 자료는 없지만, 간접적으로 조선시대에 황새가 많이 살았다는 근거는 찾을 수 있다.

《연산군일기》에 이런 대목이 나온다. 연산군은 궁 밖으로 외출할 때마다 수풀 속에서 누군가 숨어 있다가 나타나 자신을 해치지 않을까 두려워했다. 어느 날 저녁 말을 몰고 환궁하는데 밭둑에 누군가 서 있는 걸 발견했다. 겁먹은 연산군은 말을 세차게 채찍

질하여 그곳을 겨우 지나쳤다. 놀란 연산군은 잠시 숨을 고르고, 신하를 그 현장으로 보냈다. 돌아온 신하는 이렇게 말했다. "폐하, 그건 사람이 아니라 먹이를 쪼아 먹고 있던 황새였습니다." 이때부터 연산군은 감히 임금인 자신을 속였다 하여 황새를 싫어했다는 기록이 나온다. 이후에 연산군은 각 도에 황새를 모두 잡아 올려 남은 종자가 없도록 하라는 명령을 내렸다고 한다.

박제경이 지은 《근세조선정감》흥선대원군 집정 전후에 관하여 서술한 역사서에 보면 이런 기록도 남아 있다. 병인양요1866년 후에 대원군은 군사 장비 증강의 필요성을 절감하고 새로운 군사 장비에 관한 아이디어를 가진 자를 뽑아 쓰겠다고 널리 알렸다. 이에 운현궁에는 출세에 뜻을 둔 별의별 팔도 사람들이 다 몰려들었다.

이때 '면포가 총탄을 막을 수 있다'고 말하는 자가 있다 해서 시험해 보도록 했다. 면포에 솜을 넣어서 두어 겹으로 만들었으나 탄환을 쏘니 모두 관통했다. 그래서 열두 겹을 쌓았더니 탄환이 뚫고 나가지 못했다. 결국 면포 열세 겹으로 솜을 만들어 등에 대고 머리에는 등 덩굴로 만든 투구를 쓴 채 포군을 훈련시켰다고 한다. 하지만 훈련 기간이 여름이라 군사들이 더위를 견디지 못했고, 모두 코피를 흘렸다는 기록이 나온다. 이 열세 겹 방탄복은 신미양요1871년 때 입었다는데, 미국 기록을 보면 방탄복에 불이

옛날 옛적 우리 마을에
황새가 살았습니다

<u>조선의 풍경 2019</u>　습지가 있는 곳이라면 으레 황새들이 노닐었다. 황새들은 봄이면 짝을 이루기 위해 무리를 지었고, 이내 쌍은 둥지를 트느라 바쁘게 움직였다. 조선시대에 얼마나 많은 황새가 살았는지를 알 수 있는 정확한 문헌은 없다. 그러나 그때의 자연환경은 황새들에게 분명 최적의 서식지였을 것이다.

<u>청마 2021</u>　사냥을 나갔다가 황새를 만나고 깜짝 놀란 연산군은 각 도성에 황새를 잡아 종자를 없애라는 명령을 내렸다. 결국 많은 황새가 왕명 때문에 죽음으로 내몰렸다.

붙어 타 죽은 우리 병사가 많았다 한다.

이보다 더한 것이 바로 비선飛船이다. "황새 깃을 엮어서 배를 만들면 포탄을 맞아도 선체가 가벼워 부서지지 않을 것"이라고 한 발명가가 제안을 했다. 이 제안을 받아들인 조정에서는 사냥꾼들을 풀어 황새를 잡아들였고, 황새 깃을 모아 진짜 배 한 척을 만들었다. 그런데 문제가 발생했다. 막상 이 배를 물에 띄우자 깃털을 붙인 아교가 녹아 쓸 수가 없었다. 기록에 의하면 결국 이 일로 애꿎은 황새들만 목숨을 잃었다고 한다.

황새에 관한 과학적인 학술 조사 기록은 1892년 영국의 조류 관련 국제 학술지 〈IBIS〉에 나온다. 조사자는 주한영국대사관에 근무했던 직원인 켐벨 씨다. 그는 서울과 제물포 지역에서 실시한 우리나라 조류 조사 결과를 〈IBIS〉에 게재했다. 그는 황새의 수를 정확히 기록하지는 않았지만, "시골 곳곳에 황새 번식 쌍이 눈에 띌 정도로 많았다"고 기록하고 있다.

우리의 옛사람들은 '다리 밑에서 아이를 주워 온다'고들 했다. 서양에는 황새가 아이를 물어다 준다는 속담이 있다. 사실 이 말이 틀린 말은 아니다. 황새가 번식하고 사는 마을과 그렇지 않은 마을을 비교해 보면, 황새가 사는 마을에 아이들이 더 많다고 한다.

과학적으로 일리가 있는 이야기다. 옛날부터 황새가 둥지를 틀고 사는 마을은 생물 다양성이 매우 높았다. 황새가 살려면 땅에 생물자원이 풍부해야 하니 그 땅은 비옥할 수밖에 없다. 사람들이 비옥한 땅에서 농사를 짓기 위해 자연히 몰려드니 그 땅에 젊은이들이 많아질 수밖에 없고, 그 땅에서 난 좋은 농산물로 풍요롭게 살 수 있으니 아이들도 많아지는 것이다.

그러나 지금은 어떤가. 현재 우리나라 습지 조류의 생태 환경은 매우 열악하다. 1971년 총에 맞아 죽은 충북 음성군 생극면 관성리의 황새가 마지막 황새였지만, 사실 그 황새가 총탄에 맞아 쓰러지지 않았어도 우리나라 논습지 환경이 최악의 상태에 이르러 황새 멸종은 시간 문제였다. 농촌의 논습지와 하천, 그리고 높지 않은 산을 배경으로 주민들과 함께 살며 100년 된 아름드리나무에만 둥지를 틀었던 황새. 그 황새가 살았던 생태 환경이 모두 망가졌다. 미꾸라지 몇 마리 논에 풀어 준다고 황새가 다시 둥지를 틀까? 우리나라 황새의 과거 번식지는 모두 범람원이다. 범람원은 황새가 한창 번식 중인, 그러니까 새끼들에게 먹이를 공급해 주어야 하는 5~7월에 생물 다양성이 가장 높은 곳이다.

황새를 복원시키는 일은 마치 암세포가 우리 몸의 장기를 점령한 곳을 치료하는 일에 비유할 수 있다. 아직 암세포의 전이가 덜 이

옛날 옛적 우리 마을에
황새가 살았습니다

<u>아이를 좋아하는 황새</u>2020   서양에는 황새가 아이를 물어다 준다는 속담이 있다. 그림 속 황새는 아이를 낳아 보살피고 있는 어느 가정을 방문한다. 혹시 자신이 보낸 아이가 아닌가 확인이라도 하듯.

<u>아기 업은 엄마의 외출</u>2021   꽃과 황새 그리고 사람이 어우러진 새로운 세상을 꿈꾼다.

옛날 옛적 우리 마을에
황새가 살았습니다

알에서 깨어나는 황새 2021   남산 위로 엄마와 아기가 천사 같은 미소를 지으며 황새의 탄생을 축하하고 있다. 붉은 꽃이 만개한 어느 날, 그 꽃들은 '세상은 더욱 살 만한 곳'이라고 말하며 반긴다. 얼마 전까지만 해도 황새는 우리 곁에 있었지만, 이제는 우리 곁에서 사라진 새가 되었다.

루어진 장기에 황새를 이식해, 스스로 이미 망가진 다른 기관을 살려야 하는 복잡한 외과적 수술 과정이 필요하다.

충남 예산군 대술면 궐곡리가 그렇다. 암환자의 몸에 비유하면 아직 암세포의 전이가 덜된 곳이다. 과거 황새가 살면서 번식했던 이곳에 다시 황새가 둥지를 틀 수 있게 된다면, 이 황새의 새끼들은 또 다른 생태 회복이 가능한 곳을 향해 번식을 시도할 것이다. 물론 이 일은 엄청난 시간이 걸린다. 멸종은 짧은 시간에 일어나지만 복원은 그보다 수십 배, 수백 배의 시간이 걸린다. 과거 우리나라 황새 번식지는 예산군을 제외하고 스물한 곳, 지금은 모두 회생불가능한 생태 환경으로 바뀌었다. 그곳을 다시 황새가 살 수 있는 곳으로 복원시키는 일은 거기 사는 주민들의 도움 없이는 실현 불가능하다.

왜 우리 곁의 새들이 이런 절멸의 과정을 반복할 수밖에 없는가. 왜 지금 다시 '사라진 새' 황새 이야기를 할 수밖에 없는가? 우리나라도 황새가 다시 살 수 있는 그런 자연으로 회복될 수 있을까? 그런 희망을 품어 보려고 한다. 황새가 사는 아름답고 풍요로운 자연을 꿈꾸는 나는 우선 본격적으로 황새 복원에 관한 이야기를 하기 전에 과거 황새가 둥지를 틀고 살았던 마을로 거슬러 올라가려 한다.

옛날 옛적 우리 마을에
황새가 살았습니다

소나무 가지2008　황새는 회생 불가능한 자연을 바라본다. 황새가 왜 전멸할 수밖에 없었는지 계속 질문해 본다. 하지만 해결의 답을 찾지 못해 답답하다.

<u>조각배2008</u>　황새는 한참을 기다리고 또 기다려 보지만 허기진 배를 채우지 못하고 자리를 뜨고 만다. 황새의 머릿속에 '하천과 강가는 우리 조상들이 먹이를 구하는 곳이었다'는 기억이 스쳐 지나간다.

황새 지킴이,
김영도를
찾아서

나는 북한을 제외하고 과거에 황새가 번식했던 우리나라 마을들을 찾아다녔다. 황새가 살아갈 땅을 마련하려면 우선 과거에 황새가 살았던 곳을 정밀하게 조사하는 일부터 해야 했기 때문이다. 일제강점기 조선총독부에서 발간한 자료와 해방 후 우리 정부에서 발행한 조류도감을 보면 남한과 북한을 합쳐 번식지가 여덟 곳으로 기록되어 있다.

지금도 충남 예산군 대술면 궐곡리와 충북 음성군 대소면 삼호리에 가면 일제가 세워 놓은 '천연기념물 관번식지 天然紀念物 鸛繁殖地'라고 새긴 표지판이 남아 있다. '鸛'은 황새를 의미한다. 충북 진천군 이월면 증산리도 1920년부터 1961년까지 황새가 번식해 천연기념

> 옛날 옛적 우리 마을에
> 황새가 살았습니다

물 황새 번식지로 지정되었다. 천연기념물 보호구역으로 지정되었던 예산은 1965년에, 음성과 진천은 1973년에 해제되었다.

1971년 마지막 황새 한 쌍이 발견된 충북 음성군 생극면 관성리는 천연기념물 보호지역이 아니었다. 마지막 황새가 발견되고 정부가 천연기념물 보호구역으로 지정하려 했으나, 지정하기도 전에 수컷 황새가 서울에서 온 단체 여행객 중 한 사람이 가지고 있던 엽총에 맞아 죽는 바람에 지정되지 못했다. 암컷은 알을 품고 있었고, 수컷은 둥지 위로 내려앉으려는 순간에 총을 맞았다. 남편을 잃은 아내 황새는 해마다 봄이면 관성리를 찾았고, 농약을 먹고 죽기 전까지 12년이나 계속 혼자 이 마을을 찾아와 무정란만 낳았다.

충남 예산군 대술면 궐곡리는 일제강점기부터 황새가 번식했던 곳이다. 그 마을의 한 노인에게 황새가 살았던 옛날을 기억하느냐고 물었더니 황새 번식지 옆에 있었던 집에 사는 사람을 소개해 주었다. 김중철 씨와 그의 어머니 이예순 씨였다.

이예순 할머니는 황새가 번식했던 큰 소나무 아래에 있던 집에 살고 있었다. 당시 그분의 나이가 96세였는데, 나에게 소나무 위에 황새 한 쌍이 둥지 틀고 살았던 시절의 이야기를 들려주었다. 그때 나는 할머니의 남편인 김영도 씨를 처음 알게 되었다.

밭갈이 농부 2016 영도가 소를 몰고 밭을 갈 때, 황새는 영도를 졸졸 따라 다녔다-. 밭을 갈 때 흙 속 지렁이 같은 먹이가 밖으로 나오기 때문이다. 인간과 자연의 어우러짐. 이것이 우리가 사는 세상의 참 모습일 텐데. 영도도 황새도 이제는 보이지 않는다.

옛날 옛적 우리 마을에
황새가 살았습니다

<u>황새 둥지가 있는 귀가2017</u>　영도가 떠난 대술면 황새마을에서 예순은 혼자 소를 몰고 귀가를 서두른다. 둥지 위의 황새들이 새끼 치는 모습을 볼 때마다 예순은 영도가 너무 그리웠다.

그는 일찍이 자기 집 뒤 소나무 위에서 둥지를 튼 황새를 지극히 사랑했던 사람이었다. 일제강점기를 경험하며 누구보다 항일정신이 불탔던 젊은이이기도 했다. 이 지역의 향토학자는 그를 '적도의 항일투사'라 불렀다. 나는 지금부터 김영도와 그의 아내 이예순, 그리고 아들 김중철로 이어지는 황새 지킴이 가족 이야기를 하려 한다.

영도는 황새가 우리나라에서 참 많이 살고 있었던 일제강점기에 충남 예산군 대술면 궐곡리에서 태어났다. 영도는 일찍 어머니를 여의고 아버지와 함께 살았다. 그가 태어났을 때 이미 집 뒷산에는 100년 넘어 보이는 소나무가 있었고, 그 소나무 맨 꼭대기에 황새 부부가 튼 둥지가 있었다. 그 마을에 황새만 살았던 것은 아니다. 황새가 살았던 산 너머에 안락산이 있었는데, 안락산 깊은 산중에 호랑이도 살았다고 한다. 물론 그 산에서는 산토끼, 살쾡이, 여우, 그리고 늑대도 살았다.

해마다 2월 말쯤, 이른 봄이 되면 어디선가 황새 부부가 그 마을에 날아왔다. 이 황새 부부는 알 서너 개를 낳았고, 알에서 깨어난 새끼들을 열심히 돌보았다. 새끼들은 8월이면 다 성장했고, 둥지에서 내려와 어미를 따라다녔다. 논과 밭 그리고 개울에서 물

옛날 옛적 우리 마을에
황새가 살았습니다

고기, 개구리, 지렁이, 들쥐 그리고 풀벌레를 잡아먹고 살았다. 그러다가 가을이 되면 어김없이 이 마을을 떠났다.

어디로 떠났는지는 알 수 없다. 아마도 좀 더 따뜻한 남쪽 나라로 날아갔을 것이다. 겨울이 되면 그 마을의 논과 개울이 모두 꽁꽁 얼어 버려 황새들의 먹이도 자취를 감추었다. 그렇지만 황새는 얼음이 녹는 봄이 되면 어김없이 영도의 집 뒷산 소나무 위로 날아와 둥지를 틀었다. 영도의 가족은 황새 식구가 있어 누구보다 참 행복했다. 어린 나이에 영도는 이 황새 부부가 자기 집을 찾아 주는 게 참 신기했다. 황새 부부는 이 일을 한 해도 거르지 않았다.

일제강점기 어느 날이었다. 그때도 어김없이 황새 부부가 영도의 집 뒷산 소나무 위에 둥지를 틀었다. 그날은 황새 부부가 둥지에 앉아 있지 않고 마을 어귀까지 내려와 시끄럽게 떠들고 있었다. 황새는 목청껏 소리를 내지 않는다. 화를 낼 때면 부리를 부딪쳐 '딱 딱 딱' 소리를 낼뿐. 주로 이런 소리는 부부간에 사랑을 확인할 때 내는데, 그날은 유별나게 매우 요란스러웠다.

'따 따딱 따 따딱' 이 소리에 영도는 깜짝 놀라 둥지로 달려갔다. 그날 그는 황새에게 무슨 일이 일어났음을 직감했다. 아닌 게 아니라 둥지의 알들이 모두 없어졌다. 누구 소행인지 알 수가 없었다. 황새 알을 먹으면 자식을 낳지 못하는 사람도 자식을 낳을 수 있다고 믿는 사람이 훔쳐 간 것일까? 아니면 알을 비싸게 팔기 의해서였을까? 그해 이 황새 부부는 새끼들을 모두 잃고 부부끼리만 살아야만 했다. 김영도는 하는 수 없이 소나무 주변에 철조망을 쳐서 둥지 위로 사람이 올라가지 못하게 했다.

한 해가 바뀌었고, 다시 황새 부부는 새끼를 낳아 기르고 있었다. 새끼들이 한참 먹이를 먹을 때 황새 부부는 온종일 먹이 사냥을 했다. 어느 날 영도는 문득 이 황새 부부가 자신을 알아본다는 생각이 들었다. 둥지 가까이 가도 이 황새 부부는 도망가지 않았다. 그러나 낯선 사람이 가까이 다가서면 황새 부부는 이내 사라졌다. 황새는 영도네 식구들을 모두 알아보고 있었던 것이다. 새끼들이 먹이를 달라고 보채면 스컷 황새는 새끼에게 줄 지렁이를 잡기 위해 영도가 밭을 매는 곳까지 찾아왔다. 이렇게 황새 부부는 영도네 가족들과 자연스럽게 한 식구가 되었다.

황새 한 쌍이 해마다 그 마을에서 번식하고 산다는 소식을 듣고 어느 날 갑자기 조선총독부에서 비석을 세우러 왔다. 그 당시 일본은 자국의 본토와 예산군 대술면 궐곡리에 '황새 번식지'라 새긴 천연기념물 보호 비석을 세웠다. 황새가 나라의 보물로 매우 소중하다는 사실을 일본은 이미 인식하고 있었던 것이다.

영도의 집 뒤에는 황새가 둥지를 튼 소나무가 있었고, 집 앞에는

옛날 옛적 우리 마을에
황새가 살았습니다

<u>영도와 마주한 황새 부부</u> 2016   영도가 귀가할 때면 황새 부부는 길목에서 영도를 기다리고 있었다. 지게를 짊어지고 가는 영도와 황새 부부의 모습이 물 위로 반사해 만들어진 실루엣은 지난날 우리 조상들이 살았던 자연 그 자체의 모습이다.

황새 비석을 세우던 날 2018　일본 경찰은 마차로 비석을 싣고 와 황새마을 소나무 앞에 '황새 번식지'라는 비석을 세웠다. 일제강점기에 일본은 황새가 세계적으로 귀한 새인 줄 알고 있었다. 동네 사람들이 모두 나와 이 모습을 지켜보았다.

옛날 옛적 우리 마을에
황새가 살았습니다

<u>예순의 나들이2018</u>   추운 겨울날, 예순은 혼자 나들이에 나섰다. 황새만 있고 남편 영도는 일본군으로 징집되어 이 마을을 떠난 후였다. 예순은 황새를 보면서 늘 영도를 생각했다.

<u>냇가의 고기잡이2017</u>   어린 영도는 잡은 고기를 먹지 않고 가져가 논에 넣어 주었고, 황새 부부는 맛있게 이 물고기를 먹었다. 물론 황새 부부는 이 물고기를 자기 새끼에게 주었다. 영도는 황새 부부가 새끼들에게 물고기를 먹이는 모습을 지켜보면서 즐거워했다.

600년 된 은행나무 한 그루가 있었다. 영도는 어린 시절부터 이 은행나무 아래에서 친구들과 칼싸움, 말 타기, 땅따먹기 놀이를 하면서 어린 시절을 보냈다. 가끔 집 앞 개울에서 동네 친구들과 함께 고기잡이 족대로 물고기를 잡기도 했다. 물고기를 잡으면 집으로 가져가지 않고 다시 황새 부부가 먹을 수 있게 논에 풀어 넣어 주었다. 영도는 황새들이 맛있게 먹는 모습을 보는 것이 더 즐거웠다.

영도의 부친은 사람으로 태어났으면 배워야 한다며 영도를 예산 공립보통학교에 보냈다. 하지만 그는 일본 식민지 교육이 참 싫었다. 강제로 일본어를 배우게 하고 일본 역사를 가르쳤기 때문이다. 영도는 결국 진학을 포기했다. 상급학교에 가도 마찬가지일 것이 뻔해서였다. 그가 보통학교를 졸업할 무렵, 일본은 식민지 교육에 혈안이 되어 있었다. 한국 사람들의 이름도 모두 일본식으로 바꾸게 했다. 바로 '일본식 성명 강요창씨개명'였다. 전국 곳곳에서 항일 운동도 일어나고 있었다. 그가 사는 예산군도 예외는 아니었다. 그는 보통학교 졸업식장을 나오면서 일본 제국주의 교육에 대한 반감의 표시로 검정색 교복에 밀가루를 뿌리고 달걀을 던지는 시위를 하기도 했다. 당시 이런 풍습은 '백의민족인 대한민국의 국민으로 살아가라'는 뜻과 함께 '달걀 껍질이 깨어지듯 식민지 교육의 틀을 깨고 조국의 독립에 힘쓰라'는 의미가 담겨 있었다.

보통학교를 졸업한 영도는 부모님의 농사일을 도왔다. 나이 19세의 건강한 청년으로 성장했으니, 농사를 돕는 건 당연하다고 여겼다. 이 므렵 그는 이웃 동네 신양면에 사는, 자기보다 네 살 아래인 전주 이씨 예순과 혼인식을 올렸다. 그리고 결혼한 지 만 7년 만에 첫 딸을 낳았다.

그는 이때쿠터 마을 어귀에 행정강습소를 짓고 한글을 가르치는 야학당을 운영했다. 그래도 그는 부모님을 잘 둔 덕분에 보통학교라도 나왔지만, 당시 마을 사람 대부분은 학교를 제대로 다니지 못했다 "무지함 때문에 우리가 일본의 식민지가 된 것 아닙니까!" 그는 가을 사람들의 문맹을 퇴치하는데 온 힘을 기울였다. 행정강습스가 소문이 나자 대슐지서 일본 순사가 나와 강습소를 감시하기도 했다. 혹시라도 일본어를 가르치지 않고 한글을 가르쳐 주민들에게 항일의식을 고춰시키지 않을까 감시하기 위해서였다.

"구찌<ち란 일본어로 입이라는 뜻입니다."

"구찌!"

"따라 하세요."

옛날 옛적 우리 마을에
황새가 살았습니다

"(다 함께) 구찌!"

"코는 하나はな!"

"(다 함께) 하나!"

학생들은 일본어를 큰 소리로 따라 했다. 일본어 교육 강의 열기가 높은 야학당을 목격한 일본 순사는 입가에 흡족한 미소를 지으며 "대일본제국의 충량한 국민이 되기 위해 더욱 공부에 열중하기 바람. 이상!" 이렇게 명령하며 돌아갔다. 야학당의 학생들은 일본 순사가 돌아가면 다시 책상 밑에 숨겨 두었던 한글 교재를 꺼내 다시 한글 공부를 시작했다.

그러나 영도가 운영했던 행정강습소도 오래가지 못했다. 주민들에게 한글 교육을 시킨 사실이 일본 순사의 귀에 들어갔기 때문이다. 일본 순사들은 영도를 참 미워했다. 태평양전쟁의 막바지에 이르자 일본은 한국 젊은이들을 일본 군인으로 강제 징병했다. 그 징병 명단에 영도도 포함되어 있었다. 일본은 우리나라를 침략한 뒤, 1937년 본격적인 중국 본토 침략을 감행해 중일전쟁을 일으켰다.

일본의 침략 야욕은 중일전쟁으로 끝나지 않고 태평양전쟁으로 이어졌다. 그리고 그가 사는 마을까지 군수물자 할당 명령이 내려왔다. 당시 영도는 마을청년회 회장을 맡아 일하고 있었고, 친

일파인 면장은 그에게 군수물자 모으는 일을 시켰다. 목표량을 채우지 못하자 면장과 영도는 자주 충돌하기도 했다. 영도가 강제 징용 대상이 된 것도 면장의 눈에 들지 않았기 때문이었다. 1942년 8월 19일 마침내 영도는 적도의 땅 동남아시아로 향하는 배에 올라야만 했다. 영도는 아내와 아들, 그리고 두 딸에게 곧 돌아오겠다는 기약을 하며 조국을 떠났다. 적도의 땅 말레이시아에 도착한 영도는 함께 끌려간 조선 청년들과 함께 포로수용소 감시원으로 배치되었다.

옛날 옛적 우리 마을에
황새가 살았습니다

<u>황금 들판</u> 2011　　영도의 황새마을은 가을이면 황금 들판으로 변했다. 벼가 누렇게 익어 갈 무렵, 황새 부부도 가을 채비를 서두르며 논길로 내려와 메뚜기를 잡아먹었다. 동네 은행나무와 영도가 야학을 운영했던 행정강습소는 한글을 배우려는 동네 사람들로 늘 붐볐다.

옛날 옛적 우리 마을에

황새가 살았습니다

한글학교2011 저녁이면 영도가 운영하던 행정강습소의 열기는 매우 뜨거웠다. 영도는 늘 일본 순사의 감시를 받으며 동네 사람들에게 열심히 한글을 가르쳤다.

옛날 옛적 우리 마을에
황새가 살았습니다

황새 부부를 지키며
남편을 기다린 이예순과
사라진 황새

이예순은 김영도의 아내다. 예순은 15세 나이에 영도와 혼례를 올렸다. 예순이 만난 영도는 건강하고 잘생긴 청년이었다. 결혼한 지 7년이 지나서야 이 부부는 두 딸과 아들 하나를 얻었다.

예순은 이국땅에서 온 남편 영도의 편지를 받고 날아갈 듯 기뻤다. 말레이시아 포로수용소에서 잘 근무하고 있으니 걱정하지 말고 지내라면서 사진도 보내왔다. 일본군 옷을 입은 그는 늠름한 한국 청년의 모습이었다. 그리고 이내 그녀는 그리움을 가득 담아 아이들이 커 가는 모습을 글로 써 답장을 보냈다. 예순은 남편이 꼭 돌아오리라 믿으며 열심히 농사도 짓고 아이들을 길렀다.

그해 황새 부부는 다산을 했다. 늘 두 개 혹은 세 개의 알을 낳았는데, 그해는 무려 다섯 개의 알을 낳았다. 아마 더운 여름이 막 지난 때였을까, 황새 부부는 다 자란 새끼들을 데리고 집 앞 개울가에서 먹이를 잡고 놀기도 했다.

해방을 맞이했지만, 더 이상 영도로부터 편지는 없었다. 함께 징용 간 영도의 친구만 돌아왔다. 영도의 친구는 시아버지에게만 그가 죽었다는 사실을 알렸고, 예순은 이 사실을 몰랐다.

영도는 강제 징용되었지만, 평범하게 포로수용소 근무병으로만 근무하지 않았다. 태평양전쟁이 막바지에 이르자 일본의 군수물자 보급체계가 붕괴하기 시작했다. 영도는 일본군 소속 근무병이었지만, 식량을 제때 보급 받지 못했다. 어떤 날은 함께 징용된 동료들과 여러 날을 굶어 가며 근무병 생활을 해야만 했다.

굶주림의 고통으로 한계에 달해 지친 영도는 함께 징용된 동료들을 규합하여 비밀결사대를 조직해 항일독립활동을 하기로 했다. 맨 처음 활동이 일본군 군수물자 보급로 차단이었다. 이때 심한 총격전이 벌어졌고. 여러 명의 일본군이 영도가 이끄는 항일 비밀결사대의 총에 맞고 죽었다. 이때 영도는 일본군에게 체포되어 갖은 고문과 옥살이를 할 수밖에 없었다.

1945년 8월 15일, 조국은 해방을 맞았지만 영도는 끝내 고향에

옛날 옛적 우리 마을에
황새가 살았습니다

돌아오지 못했다. 1945년 10월 23일은 흉부 총상으로 영도가 하늘나라에 간 날이었다. 영도의 아버지는 차마 며느리에게 이 말을 전하지 못했다. 영도의 아버지는 혼자서 아들의 죽음을 속으로만 삼키고 살다가 손자 중철이 일곱 살이었을 때 세상을 떠났다. 예순은 그때도 남편이 남겨 놓고 간 황새 부부를 지키면서 영도가 돌아올 것이라는 희망의 끈을 놓지 않았다.

중철은 영도의 외아들이다. 지금 중철은 여든이 넘은 할아버지가 되었다. 중철은 황새가 그 마을에 살았던 사실을 생생하게 기억하고 있다. 아버지가 일본군에 강제로 끌려갔을 때 그의 나이는 만 네 살이었다. 그리고 그 황새는 아버지가 강제 징용된 후에도 줄곧 이 마을에 살았다.

중철 역시 아버지의 죽음을 나중에 알게 되었다. 1972년 한국과 일본이 한일청구권협정을 체결했을 때, 중철은 징용자 명단에 아버지 김영도의 이름이 포함된 것을 보고 깜짝 놀랐다. 중철은 일본 정부에 내 아버지의 사망 원인을 알려 달라고 편지를 썼다. 돌아온 답은 "1945년 10월 23일 소남 남방 제1병원에서 흉부 총상 사망"이었다. 그는 이 기록을 보고 슬픔이 북받쳐 울음이 터져 나오고 말았다.

아기 엄마 2015 예순은 집 창가에서 황새가 번식하는 광경을 지켜보면서 첫 딸에게 젖을 먹였다. 창가에서 올려다보니 황새 어미도 열심히 새끼에게 먹이를 먹이고 있었다.

옛날 옛적 우리 마을에
황새가 살았습니다

냇가에서 빨래하기 2015　영도가 일본군으로 징집되어 황새마을을 떠난 이듬해 황새 부부는 다산했다. 황새 부부는 다 자란 다섯 마리 새끼를 데리고 예순이 아들을 데리고 빨래를 하는 냇가로 먹이 사냥에 나섰다. 황새 부부는 새끼들에게 먹이 잡는 시범을 보이며 사냥 기술을 가르쳤다.

옛날 옛적 우리 마을에
황새가 살았습니다

<u>작별2017</u> 영도는 일본군에 징집되어 남태평양으로 떠나면서 식구들에게 다시 돌아오겠다고 약속하며 작별 인사를 나누었다. 그러나 우리나라 최초의 황새 지킴이 영도는 끝내 고국 땅을 밟지 못했다. 그저 하늘만 영도를 알아볼 뿐, 누구도 이 황새 지킴이를 알아주는 사람이 없었다.

<u>황새 여인</u>20˝8   황새는 길들일 수 있는 반려동물이 아니다. 하지만 황새는 둥지 근처에 사는 동네 사람들에게 무한한 신뢰를 느끼며 가까이에서 살아간다. 그러나 가끔 나쁜 마음을 먹은 사람들이 있어 황새들은 희생을 각오하며 살아야 했다.

옛날 옛적 우리 마을에
황새가 살았습니다

황새마을 사람들 2019 예순의 시아버지는 영도가 사망했다는 소식을 함께 징용되었던 영도의 친구에게 들었다. 끝내 시아버지는 며느리에게 영도가 사망했다는 소식을 알리지 않았고, 예순은 죽을 때까지 영도가 돌아올 것이라는 희망을 버리지 못했다.

1945년 8월 15일은 우리나라가 일본으로부터 해방된 날이면서, 일본군으로 강제 징용된 한국 젊은이들이 귀국한 날이기도 했다. 하지만 일본은 감옥에 있던 중철의 아버지를 풀어 주지 않고 감옥에서 꺼내 끝내 총살하고 말았다. 중철은 강제 징용된 아버지를 죽인 일본의 만행에 치가 떨렸다.

1950년 6월 25일, 한국전쟁이 터졌다. 황새 부부는 이 마을을 더 이상 찾지 않았다. 전쟁으로 황새가 둥지 틀고 살았던 나무들이 모두 쓰러졌기 때문이다. 전쟁이 일어나기 전만 해도 황새는 예산의 황새 고향 말고도 충북 진천과 음성, 북한 황해도 배천에도 살고 있었다. 그때만 해도 농경지에 황새들이 즐겨 먹는 물고기, 뱀, 들쥐는 물론이고 풀벌레까지 먹이가 아주 풍부했다. 또 황새들이 둥지를 틀고 살았던 수령이 수백 년 넘는 나무들도 동네마다 있었다. 농경지에 살포된 농약과 황새가 둥지를 틀 나무를 사라지게 한 한국전쟁 당시 진행된 폭격이 우리나라 황새를 멸종시킨 것으로 보인다.

20여 년이라는 세월이 흐른 1971년 4월 1일, 충북 음성군에서 마지막 황새 부부가 발견되었다는 소식이 들려왔다. 중철은 '혹시 아버지가 돌보았던 황새가 음성으로 간 것이 아닐까?'라고 생각했다. 그도 그럴 것이 중철의 마을과 충북 음성은 그리 멀리 떨

옛날 옛적 우리 마을에
황새가 살았습니다

어져 있지 않았기 때문이다. 90킬로미터 남짓한 거리는 황새들이 한 번에 쉽게 날아갈 수 있는 거리였다.

그러나 마지막 황새 쌍이 발견된 지 3일 만에 수컷 황새가 밀렵꾼의 총에 맞고 쓰러졌다. 혼자 살아남아 '과부 황새'로 불렸던 암컷 황새는 그 후 10여 년 충북 음성군 생극면에서 살다가 농약 중독으로 서울대공원으로 옮겨졌다. 하지만 결국 1994년에 혼자 된 암컷 황새마저 죽고 말았다. 중철의 아버지 영도의 사망 소식과 함께 우리나라에서 살던 황새들은 모두 이렇게 사라졌다.

대를 이어
　　　황새 지킴이를 자처한
김중철

　　　　　감나무의 감이 빨갛게 물들어 가던 가을의 어느 날이었다. 대학교에서 조류 행동을 연구하던 나는 내 방 대학원생들과 함께 김중철의 집을 방문했다. 나는 96세가 된 중철의 어머니를 먼저 만났다. 그의 안내로 우거진 덤불을 헤치며 황새 번식지 비석이 있는 곳으로 갔다. 수십 년 동안 한 번도 그곳에 올라가지 않아 풀이 너무 우거져 있었다. 다가가자 두 개의 비석이 풀숲 사이로 모습을 드러냈다.

일제강점기 때 세운 한 개의 비석에는 뒷면에 '조선총독부'라고 새겨져 있었다. 다른 하나는 해방 후 지역 교육감이 세운 것 같다며 중철의 어머니는 지난날을 회상했다. 그녀는 내가 이 마을에

　　　　　　　　　　　　　　　옛날 옛적 우리 마을에
　　　　　　　　　　　　　　　황새가 살았습니다

황새 번식지를 복원한다는 이야기를 듣자마자 남편이 곧 살아 돌아올 것만 같은 생각이 들었는지 흥분을 감추지 못하고 남편이 살아 있을 때 경험했던 황새 이야기를 풀어 놓기 시작했다.

"어느 날 일본인들이 비석을 마차에 싣고 말을 타고 왔어요. 아마 내가 시집오기 전부터 황새가 여기 살고 있었을 겁니다. 큰딸의 나이가 지금 74세니까, 큰딸이 만 두 살 때일 때부터 황새가 바로 집 뒷산 소나무에서 새끼를 치고 있는 것을 보았지요. 사람들이 새끼를 훔쳐 가곤 했어요. 동물원에 팔려고 했는지, 그 귀한 새를 가지고 간 사람은 제대로 살지 못했을 거예요. 그렇게 새끼를 훔쳐 가고 알을 빼낸 것이 한두 해가 아니었어요. 새끼를 잃은 황새 부부가 너무 측은했어요. 온종일 따따딱 소리를 내면서 온 마을을 돌아다녔으니까요. 그날은 먹이 사냥도 하지 않더군요."

한편 2015년 9월 3일은 우리나라에서 마지막 황새 쌍이 총탄에 사라진 이후 만 44년이 되는 해였다. 그날 예산군 광시면 대리에서 황새야생복귀식이 거행되었다. 이 소식을 가장 먼저 반겨야 할 사람이 중철의 모친이었지만, 남편이 돌아오리라는 희망을 끝내 버리지 못한 채 저 세상으로 떠난 후였다. 예산군에서 황새를 방사하던 그날은 축제의 날이었지만, 어머니 이예순은 이 축제의 자리에 참석하지 못했다. "어머니가 이 광경을 보았다면 정말 아버지가 살아 돌아온 것처럼 기뻐했을 텐데." 중철은 만감이 교차하는 심정으로 축제를 지켜보아야만 했다.

광시면 대리에서 약 16킬로미터 떨어진 대술면 궐곡리에서 황새 복원이 시작된 해는 예산군에서 황새야생복귀식이 있은 이듬해였다. 나는 김중철의 집 근처에 13미터 정도 높이의 인공둥지 탑을 세우고 황새 한 쌍을 방사했다. 그리고 황새 부부는 이 인공둥지 탑 위에서 번식에 들어갔다.

중철은 이때 여든이 가까운 나이였다. 그는 이 황새 부부의 지킴이를 자처했다. 그는 어려서부터 아버지가 황새 부부를 각별하게 돌보아 주었다는 이야기를 어머니로부터 늘 들어 왔다. 황새 부부에게 이름도 지어 주었다. 아버지 이름인 영도의 '영'자를 수컷에게 붙여 '영황이', 암컷은 어머니 이름의 '순'자를 따서 '순황이'로 했다.

영황이와 순황이도 옛날 황새들이 아버지를 알아본 것처럼 중철도 알아보았다. 내가 가까이 가면 이 황새 부부는 둥지에서 한참 멀리 달아났지만, 중철이 부르면 금방 달려왔다. 영황이와 순황이는 중철이 황새의 먹이터인 논에 농약을 뿌리지 않고, 미꾸라지와 붕어를 풀어 놓고 있다는 사실을 알고 있었던 것이다.

옛날 옛적 우리 마을에
황새가 살았습니다

할머니의 황새 비석 2021 할머니는 집 뒤뜰에 있던 '예산 황새 번식지'라 쓰여 있는 비석을 오랫동안 가슴속에 묻고 살았다. 그녀는 황새 비석을 보여 달라고 하자, 눈시울을 붉히며 남편이 꼭 돌아와 비석을 쳐다보는 날이 올 것이라는 믿음을 버리지 않았다고 했다.

노인의 황새 2022 황새 지킴이 영도의 아들 중철은 이제는 노인이 되었다. 아버지의 뒤를 이어 2대 황새지킴이가 된 그는 아버지가 정성껏 황새를 돌보았던 것처럼 예산군 대술면 궐곡리에 복원한 황새 '영황'과 '순황' 부부를 돌보았다.

옛날 옛적 우리 마을에
황새가 살았습니다

둥지 위의 황새 부부 2022   15미터 높이의 인공둥지 탑 위에 서 있는 영황과 순황의 모습. 중철의 보호 아래 드넓은 들판을 바라보며 대술면 황새마을을 지켰다.

눈 덮인 황새마을의 밤 2020 2020년에는 영황이와 순황이가 남쪽 나라로 떠날 기색을 보이지 않았다. 중철이 논에 물을 대고 날마다 미꾸라지를 넣어 준 탓일까? 눈이 왔지만 논물이 얼지 않아 이 황새 부부는 밤에도 열심히 먹이 사냥을 했다.

옛날 옛적 우리 마을에
황새가 살았습니다

논물의 황새 2021 논은 황새들의 먹이터다. 다른 논에는 제초제 같은 농약을 사용해 먹이가 턱없이 부족하지만, 중철의 논에는 먹이가 참 많다. 중철의 논은 수확이 다소 줄더라도 황새를 위해 제초제 같은 농약을 사용하지 않는다.

옛날 옛적 우리 마을에
황새가 살았습니다

<u>둥지의 어린 황새들</u> 2021 날씨가 더운 날, 어미 황새는 시냇가로 나가 부리로 물을 떠서 새끼 황새 머리 위로 부어 준다. 더운 여름, 새끼들에게 목욕시키는 방법이다. 갓 태어난 새끼는 궁둥이를 쳐들고 둥지 밖으로 멀리 똥을 싼다. 중철은 이 모습이 너무 신기해 멀리 떨어져 있는 높은 나무 위로 올라가 지켜보기도 했다.

중철은 황새 부부가 자식을 이토록 사랑하는 줄 몰랐다. 부부가 함께 둥지를 짓고, 알도 교대로 품고, 작은 물고기를 잡아 새끼들에게 토해 정성스럽게 먹이를 먹이고 있었다. 더운 날에는 날개를 활짝 펼쳐 햇볕도 가려 주고, 부리로 물을 떠서 새끼들의 머리에 부어 주기도 했다.

중철은 새끼를 돌보다가 어려서 읽었던 이솝우화 중 '여우와 황새' 이야기가 생각났다. 책을 보면 황새는 접시에 있는 물을 먹지 못하는 것으로 나오는데, 실제 중철이 본 황새들은 그렇지 않았다. 중철은 물이 깊지 않은 개울가에서 다리를 옆으로 벌리고 가슴을 최대로 낮추어, 부리를 수면과 수평으로 해 물을 떠 새끼들의 머리에 쿠어 주는 황새의 모습을 본 적이 있다. 갓 태어난 새끼들이 보여 준 아주 신기한 모습도 있었다. 중철은 이렇게 말했다.

"보통 제비나 참새 새끼가 태어나면 똥을 누는데, 똥구멍에 물방울 똥을 달고 있어요. 어미 새가 이 똥을 부리로 물고 둥지 밖으로 버리는 것을 TV에서 본 적이 있지요. 그런데 영황이와 순황이 새끼들은 그렇지 않았어요. 엉덩이를 하늘 높이 치켜세우더니 공중으로 똥을 싸더라고요. 마치 우리가 물총을 쏘는 것처럼 새끼들의 물똥이 둥지 밖으로 멀리 뿌려졌습니다. 갓 태어난 새끼들은 둥지 가장자리까지 걸을 수 없지만, 한 2주 정도 지나면 새끼

옛날 옛적 우리 마을에
황새가 살았습니다

들도 어미처럼 뒷걸음질을 해서 둥지 가장자리까지 걸어가 둥지 밖으로 똥을 쌉니다. 똥을 둥지 안에 싸는 모습은 한 번도 보지 못했어요. 황새는 위생 관념이 철저한 청결한 새로구나, 감탄했지요."

중철은 나에게 갓 태어난 새끼까지 어떻게 그런 위생 관념을 갖고 태어나는지 물었다. 나는 이렇게 답했다. "알에서 깨어난 황새 새끼는 뱃속에 가스를 가지고 태어납니다. 그래서 조금만 힘을 주어도 가스의 압력 때문에 똥이 물총 쏘듯 밖으로 버려지는 것입니다. 그러나 2주 정도 지나면 뱃속의 가스는 사라집니다. 그때는 당연히 배설물을 둥지 가장자리 밖에다 쌉니다."

그런데, 대술면 궐곡리 마을 주민 간에 분쟁이 생겼다. 이 마을에 산업폐기물 매립장이 들어선다는 말 때문이었다. 산업폐기물 매립지용으로 땅을 판 주민들과 매립을 반대하는 주민 간에 심한 갈등이 생겼다. 중철은 산업폐기물 매립 예정지가 영황이와 순황이의 선조들이 먹이터로 이용했던 자연 습지였기 때문에 너무 화가 났다. 법원의 판단을 기다릴 수밖에 없는 처지에 놓이게 되었다. 황혼이 물든 어느 날 영황이와 순황이는 산업폐기물 매립 예정지에서 어떤 생각을 했을까?

이 마을에 다시 겨울이 찾아왔다. 새끼 두 마리는 이미 어미 황새인 영황이과 순황이 곁을 떠났지만 영황이와 순황이는 중철의 보살핌을 받으며 이 마을에 그대로 남아 있었다. 추운 겨울철에도 중철은 논물을 빼지 않고 물고기를 넣어 주었다.

다시 봄이 찾아왔다. 영황이가 열심히 둥지를 짓고 있을 때, 인공 둥지 타닥의 철제 난간에 한쪽 부리가 부러지는 사고가 발생했다. 황새들에게 부리가 부러진다는 것은 평생을 불구로 살아가야 한다는 말 아닐까? 새끼를 낳더라도 기를 수 없고, 먹이조차 스스로 먹을 수 없는 처지가 되고야 말았다.

영황이는 결국 10여 킬로미터 떨어진 예산황새공원의 인공사육시설로 옮겨지고 순황이 홀로 황새의 둥지를 지킬 수밖에 없었다. 중철은 세상을 떠난 어머니가 생각났다. 징용된 남편을 평생 기다리며 산 것처럼, 순황이도 그렇게 살아가야 하는 운명일까? 중철은 그해에 홀로된 순황이를 볼 때마다 돌아가신 어머니가 더욱더 그리워졌다.

옛날 옛적 우리 마을에
황새가 살았습니다

<u>부리가 부러진 순황이</u> 2021 　인공둥지 탑 위에서 둥지를 짓다가 철제 구조물 난간에 한쪽 부리가 끼어 순황이의 부리가 부러지는 사고가 발생했다. 순황이는 안타깝게도 대리 예산황새공원의 사육실로 옮겨져 다시 사람의 손에 길러질 수밖에 없는 운명에 처하게 되었다.

부리 부러진 황새와 이를 돌보는 사람 2016   실험실에서 간혹 황새의 부리가 부러지는 일이 생긴다. 이럴 때면 황새박사가 지혈을 시키고 먹이를 떠먹이면서 돌본다. 황새의 한쪽 부리가 부러지면 재생할 때까지 수년이 필요하다. 수년을 거의 반신불수로 살아가야 하는 셈이다.

옛날 옛적 우리 마을에
황새가 살았습니다

2
다시 황새가 사는 마을을 꿈꾸며

황새란
어떤 새인가

황새*Ciconia boyciana*는 황새목 황새과에 속하는 조류로, 우리의 삶과 아주 가까운 곳에서 함께 살아가던 새였다. 그 새는 사람들이 사는 동네 고목에 둥지를 틀고 살았다. 황새는 몸집이 굉장히 크다. 날개를 펼치면 길이가 2미터가 넘으니, 10여 미터 높이에서도 사람들의 눈에 너무 잘 띈다. 주로 일부일처제이며, 한번 짝을 맺으면 평생 그 배우자와 함께하는 것으로 알려져 있다. 황새 한 쌍은 동네 사람들 빼고는 누구도 그 옆으로 접근하는 것을 허락하지 않는다. 둥지에서 내려와 논에서 사냥을 하는 황새는 멀리서 보면 영락없이 흰옷을 입고 등을 수그린 채 김매고 있는 사람의 모습이다.

과거 우리 논에서 먹이를 구하던 황새는 민물고기인 드렁허리 잡는 걸 좋아했다. 큰 부리로 팔뚝만 한 드렁허리를 꿀꺽 삼킨다. 그러나 새끼들이 둥지에 있을 때에는 지렁이, 붕어, 미꾸라지, 개구리, 메기를 잡는다. 한 달 정도 지나면 새끼들이 제법 어미 몸집만큼 성장한다. 황새 어미는 밭에서 구렁이와 들쥐, 다시 큰 드렁허리를 잡아 새끼들을 먹인다.

황새는 목과 윗가슴을 가로지르는 목둘레의 乙 깃털로 식별할 수 있다. 암수 모두 검은색을 띤 날개의 일부를 제외하고 몸 전체가 흰색이며, 다리는 붉은색을 띤다. 민물과 습지대 그리고 때때로 근해 갯벌에서 물고기와 작은 동물을 잡아먹는다. 황새는 2500마리 이하로 남아 있고, 남은 개체군은 러시아와 중국 사이에 인접한 아무르강과 우수리강 근처에서 번식한다. 조용하고 경계심이 강하며, 4월에 번식지에 도착하여 새 둥지를 짓거나 옛것을 수리하여 사용한다. 이들 개체군은 그룹을 지어 남쪽으로 이주하여 월동한다.

유럽 황새는 우리나라 황새와 참 비슷하다. 그래서 사람들은 유럽 황새를 보고 한국 황새로 착각한다. 하지만 알고 보면 많이 다르다. 우리 것이 조금 크기가 크다. 유럽 황새는 부리가 붉지만,

다시 황새가 사는
마을을 꿈꾸며

어미 새의 사랑 2011   어미 황새의 새끼 사랑은 지극하기 짝이 없다. 생후 3~4개월쯤 되면 새끼 새들은 어미 새보다 더 많이 먹는다. 새끼의 이런 식욕 때문에 이소 후에 가끔 어미가 영양실조로 죽는 경우도 생긴다. 이때7-되면 누가 새끼인지 어미인지 구분이 쉽지 않다. 육아는 암수가 공동으로 부담하며, 황새는 한번 연을 닻으면 평생 '일부일처'로 산다.

황새 보금자리 2008   우리나라 황새들은 저수지 근처에 둥지를 틀고 살았다. 가까운 저수지에서 물고기를 잡아 와 새끼들을 먹여 살렸다. 충북 음성군 생극면 관성리에는 금정저수지가 있다. 옛 황새들은 관성리 윤씨 집 근처 감나무에 둥지를 틀고, 금정저수지에서 물고기를 사냥해 새끼를 길렀다.

다시 황새가 사는
마을을 꿈꾸며

우리 황새는 검정색이다. 다리는 정반대다. 우리 황새가 붉은색, 유럽 황새가 검정색이다. 사는 방식도 조금 다르다. 유럽 황새는 집 지붕의 굴뚝 위에 둥지를 짓고 사는 반면 우리 것은 나무 위에서 산다. 유럽에 가서 황새마을을 방문해 보면 집 지붕 위 여기저기에 황새가 둥지를 틀고 있는 모습을 볼 수 있다.

유럽 황새들은 참 사교적이다. 우리 황새들은 한 마을의 큰 나무 위에서 한 쌍밖에 살지 않는다. 유럽 황새들은 사람들의 집 지붕 위에 여러 쌍이 둥지를 틀고 산다. 이것은 성격이 다른 점도 있지만, 먹이 자원의 양과도 관련이 있다. 원래 한 종의 동물일지라도 먹이 자원이 많은 곳에서는 싸우지 않는다. 그러나 자원이 부족해지면 싸움에서 진 자는 그곳을 떠나야만 한다. 그런 법칙이 적용되어 유럽 황새들은 이렇게 사교적으로 여러 쌍이 한 마을에 둥지 틀고 살도록 진화된 것일까?

유럽 황새들이 사는 서식지를 조사했을 때 먹이가 참 풍부하다는 사실을 육안으로 확인할 수 있었다. 갓 부화한 새끼들이 먹을 지렁이가 밭에 지천으로 깔려 있어 삽으로 조금만 파도 지렁이들이 흙 속에서 엄청나게 나온다. 지금 우리나라에서는 보기 힘든 풍경이다. 아마 우리나라도 농약을 치지 않았던 시절에는 유럽과 비슷했을 것이다. 우리의 고문헌에는 황새 부부가 한 마을에

100미터 정도씩 거리를 두고 살았다는 기록이 있다. 유럽처럼은 아니어도 한 마을에 황새들의 먹이가 참 많았다는 사실을 간접적으로나마 확인할 수 있는 대목이다.

유럽 황새 하면 기억나는 마을이 있다. 과거 동독에 속했던 로브르크Loburg라는 황새마을이다. 그 마을에서 평범한 가정집을 하나 발견했다. 물론 그 집의 지붕에서도 황새들이 번식하고 있었다. 작은 글씨가 새겨진 문패가 눈에 들어왔다. '르브르크 황새호프Storchenhof, Loburg'는 2대에 걸쳐 독일 황새를 연구하고 있는 미하엘 카츠Michael Kaatz 박사의 집이다. 아들은 교수로 재직하다가 정년퇴임하고 어미로부터 버림받은 황새 새끼를 돌보는 아버지 크리스토퍼 카츠Christopher Kaatz 박사와 함께 이 마을에서 번식하면서 사는 황새 보호 활동도 함께 진행하고 있었다.

아들 카츠 박사의 논문을 직접 한국에 들고 와 흥미롭게 읽었던 기억이 난다. 황새에 위성 추적 장치를 단 후, 경비행기를 타고 아프리카까지 황새 여정을 추적한 논문이다. 해마다 남아프리카까지 날아갔다 다시 그 마을로 되돌아오는 황새의 여정은 한 편의 드라마 그 자체였다. 그 여정은 매년 7~8월 정도에 시작되어 이듬해 3월에 다시 그 마을을 찾는 것으로 끝이 난다. 그런데 맺어진 쌍이 여정을 시작할 때 꼭 함께하는 것은 아니다. 새끼들과도 모

다시 황새가 사는
마을을 꿈꾸며

두 헤어진다. 이들은 전 독일 마을에서 온 황새들과 합류하여, 무리를 지어 남부 유럽을 거쳐 아프리카로 내려간다. 그 해 태어난 새끼들이 별도의 큰 무리를 이루는 것도 인상적이다. 새끼들끼리 큰 무리를 이룬다는 것은 과학적으로 의미가 있다. 이들도 무리 속에서 미래를 함께할 배우자를 선택한다. 큰 무리 속에서는 근친이 이루어질 확률은 매우 낮다.

사실 매년 3월부터 6월까지는 유럽 황새의 번식 철이다. 지금으로부터 4년 전 크로아티아의 작은 마을에서 황새 부부의 순애보라 일컬을 만한 기막힌 일이 벌어졌다. 2월의 어느 날 수컷 황새 한 마리가 머나먼 남아프리카에서 1만3000킬로미터를 날아와 크로아티아에 도착했다. 암컷 황새를 만나기 위해서다. 5년 동안 한 해도 쉬지 않고 장애가 있는 아내 황새를 만나기 위해 크로아티아 동부 한 마을로 찾아온 수컷 황새는 올해는 다른 때보다 조금 일찍 아내를 만나러 왔다.

3년 전 사냥꾼에게 포획될 뻔해 상처를 입은 아내 황새는 날개에 구멍이 뚫려 더 이상 날지 못했다. 현지의 마음씨 좋은 주민이 아내 황새를 발견하고 돌보기 시작했다. 결국 남편 황새만 남아프리카로 돌아갔다. 그런데 이듬해 봄 놀랍게도 수컷 황새가 아내를 만나기 위해 다시 크로아티아의 마을을 찾았다. 그리고 수개월

독일 황새마을2015   지붕 우에 둥지를 튼 황새. 한 지붕 위에 여러 쌍이 함께 둥지를 튼 곳도 있었다.

다시 황새가 사는

마을을 꿈꾸며

유럽 황새와 한국 황새2015 　한국 황새(오른쪽)가 조금 큰 편이며, 유럽황새(왼쪽)는 부리 색이 붉은색을 띠고 있어 '홍부리황새'라고도 한다. 한국 황새는 부리가 검다. 지금 러시아에서 철새로 날아오는 새는 모두 한국 황새라 부른다. 영어로 유럽 황새는 White Stork, 한국 황새는 Oriental Stork이다. 물론 일본 황새도 Oriental Stork이다.

창가의 황새 둥지2015 프랑스 알자스 지방에는 리보빌레라는 황새마을이 있다. 비 오는 날, 숙소 창가에서 비를 맞으며 둥지를 지키고 있는 황새 한 쌍이 열심히 새끼들을 돌보고 있는 광경을 지켜본 적이 있다.

다시 황사가 사는

마을을 꿈꾸며

<u>눈 덮인 도심의 지붕</u> 2018   언젠가 우리 황새들의 숫자가 많이 늘어나면 유럽 황새들처럼 도심의 지붕 위로 날아와 잠시 쉬어 가는 날이 올 수 있을까? 그렇게 되면 사람들이 한국 황새에게도 조금 관심을 가져 줄까?

동안 아내와 함께 시간을 보냈다. 그들은 알을 낳기도 했으며, 새끼들이 타 어나자 수컷 황새는 새끼들에게 나는 방법을 가르치기도 했다. 그해 8월이 되자, 수컷 황새는 새끼들을 데리고 남아프리카로 돌아갔다. 하지만 그 이후에도 남편 황새는 해마다 한 해도 거르지 않고 아내를 만나러 왔다.

아내 황새를 기르고 있는 현지 주민의 말에 따르면 예년보다 조금 일찍 온 수컷 황새가 여행이 힘들었는지 올해는 매우 피곤해 보였다고 한다. "올해가 마지막이 되지 않기를 바라지만, 수컷 황새가 너무 많이 수척해 보였어요." 이 수컷 황새가 아내 황새를 찾아 날아 온 거리는 무려 1만3000킬로미터가 넘는다. 진정한 사랑은 아므리 거리가 멀어도 가로막을 수 없다는 사실을 이 수컷 황새가 보여 준 것이 아닐까! 참 뭉클하다.

한국 황새는 어떨까? 한국 황새도 마찬가지다. 한국 황새 복원 연구를 위해 러시아 아무르강 유역 황사 번식지에 갔을 때 있었던 일이다. 현재 러시아에 번식하는 황새들은 겨울이 되면 중국과 한국까지 내려온다. 그리고 다시 봄이 되면 쌍을 맺은 부부들이 그곳에서 다시 만나 번식을 한다. 내가 지켜보았던 황새 부부는 자식들을 위해 참 헌신적이었다. 황새 새끼들이 커지면 어미보다

다시 황새가 사는
마을을 꿈꾸며

두 배나 되는 먹이를 먹는다. 그 황새 부부는 다섯 마리의 새끼를 키우고 있었다. 황새는 보통 두세 마리의 새끼를 키운다. 다섯 마리의 자식이면 그만큼 부모가 할 일이 많다는 의미다. 그래서 그랬던 것일까? 새끼들이 거의 자라난 7월의 어느 날, 수컷 황새가 수척한 상태로 둥지에 나타났다. 그리고 자신의 입속에 들어 있던 어른 손바닥 크기의 물고기를 연신 게워 냈다.

나는 귀국 일정 때문에 이 황새들의 이소 모습을 지켜보지 못했다. 한국에 도착하고 나서 러시아 동료 교수로부터 안타까운 소식을 듣게 되었다. "당신이 둥지 멀리 위장 탑을 세우고 지켜보았던 둥지의 수컷 황새가 끝내 죽고 말았습니다. 사체는 그 둥지로부터 멀지 않은 곳에서 발견되었습니다. 그러나 암컷과 새끼 다섯 마리는 안전하게 둥지를 벗어나 남쪽 나라로 이동할 준비를 하고 있습니다."

이러한 모습은 러시아에 사는 황새들에게만 국한된 것은 아니다. 옛날 우리나라에 살았던 황새들은 여름이 지나면 새끼들을 데리고 남해 해변까지 날아갔다. 그리고 러시아에서 내려온 황새 무리를 만나 다시 중국 양쯔강 하구까지 이동을 마쳤다. 그 후 이듬해 봄이 되면 지난해 번식했던 동네 마을로 되돌아왔다.

황새 복원의 시작,
　　　러시아에서 데려온
황새

　　　　내가 처음 우리나라 황새 이야기를 들었던 것은 대학에 막 입학했을 때였다. 그때 충북 음성에서 황새 한 쌍이 발견되었다는 뉴스를 접했다. 그 소식은 〈동아일보〉 1971년 4월 1일자 1면 특종기사로 보도되었다. 그때 대학 은사인 고故 원병오 교수가 그 기사 보도 중심에 있었다.

황새는 1800년 말까지 인천, 경기도, 충청도, 홀-해도북한 지역에 걸쳐 마을마다 한 쌍씩 번식하고 있었다. 그 많던 황새가 한국전쟁이 지나자 자취를 감추고 말았다. 1971년 〈동아일보〉는 우리나라에서 사라진 조류 관련 특집기사를 연재하고 있었다. 당시 황새가 살던 음성 마을의 친지를 방문하고 돌아온 서울의 한 거주

다시 황새가 사는
마을을 꿈꾸며

자가 "아니, 이 새는 내가 최근에 다녀온 마을에 살고 있는데!"라고 한 말을 듣고 급히 〈동아일보〉에 제보를 한 사람이 있었다. 그리고 〈동아일보〉 기자는 원병오 교수에게 이 새가 우리나라에서 멸종되고 없는 황새인지 확인해 줄 것을 요청했다.

그런데 〈동아일보〉 측에서 보았을 때 황당한 일이 발생했다. 그날이 3월 31일이었다. 원교수는 이 사실을 〈중앙일보〉에도 슬쩍 흘렸다. 당시 〈중앙일보〉는 석간신문이었기 때문에 〈동아일보〉보다 하루 먼저 기사를 내보냈다. 그러니까 〈동아일보〉는 특종을 타 신문사에 뺏기고 만 것이다. 아무튼 〈동아일보〉는 예정대로 4월 1일 1면 톱기사로 내보냈다. 〈동아일보〉에서 1면 톱기사로 보도된 3일 만에 비극이 시작되었다. 우리의 보호를 받기도 전에 한 밀렵꾼의 총에 황새 수컷이 사망한 것이다.

이렇게 홀로 남은 암컷 황새는 이 마을에서 '과부 황새'로 불리며 10여 년을 더 살았다. 그 암컷 황새를 국제결혼이라도 시키자는 한 교수의 제안도 있었지만 실현되지 못했다. 이 암컷 황새는 농약 중독으로 서울대공원으로 옮겨졌고, 결국 수명을 다해 1994년에 죽고 말았다. 대한민국에서 살았던 비운의 마지막 황새 이야기는 외신도 주목했다. 국제적으로도 관심을 불러일으키기에 충분했던 사건이었다.

나는 독일에서 박쥐의 행동과 생태를 연구했다. "흡혈박쥐의 음성학적 의사소통과 사회적 행동"이 내 연구논문 제목이다. 학위를 받은 후 귀국해서 '휘파람새의 방언'을 주제로 연구를 시작했다. 새들의 방언에 관한 연구는 전 국토의 농경지를 찾아다니며 새를 관찰하고 노랫소리를 녹음해야 하는 고된 작업이었다.

귀국 당시 내가 재직하고 있던 대학교의 주변 농촌 마을에 봄이면 열 쌍 이상의 휘파람새가 둥지를 틀고 살았다. 그러나 불과 10년이 되지 않아 모두 사라졌다. 휘파람새는 봄에 우리나라 농경지에서 곤충을 잡아먹고 사는 새다. 나는 그때 농촌에 제초제가 엄청나게 뿌려지고 있다는 사실을 처음 알게 되었다. 결국 곤충들이 사라지자 휘파람새도 줄어들었다. 그나마 농촌에 있던 이 새들의 서식지마저도 하루가 멀다 하고 개발이 이루어졌다. "이 새들이 다 사라진다면, 나는 어떻게 새의 방언에 관한 연구를 지속할 수 있을까?" 심리적 위기로 다가왔다. 이런 위기를 겪고 있을 때, 충청북도 음성군 생극면 관성리의 마지막 '과부 황새' 이야기가 떠올랐다.

내가 새에 관한 연구를 하고 있을 때 한국교원대학교이하 교원대 생물교육학과에 미국에서 조류 생태 복원 연구를 하고 돌아온 김수일 교수2005년 작고가 새로 부임했다. 그는 나에게 황새를 러시아로

다시 황새가 사는

마을을 꿈꾸며

부터 가져와 교원대에서 황새 복원을 하면 어떻겠냐고 제안을 했다. 혼자 남은 암컷 황새가 있던 음성군이 교원대가 자리한 충청북도 지역에 속해 있어 학교 당국도 나서 달라고 강력히 요구했다.

1996년 러시아 조류학자인 블라디미르 안드로노프 박사를 만났다. 그는 러시아 아무르 자연보호구 최고위 직책을 맡고 있는 사람이었다. 그를 설득해 우리나라에서 살아갈 종조宗鳥를 도입하자고 생각했다. 하지만 국제적인 멸종 위기 종을 러시아 밖으로 내보내는 일이 그리 쉽지는 않았다. 황새는 러시아와 중국 국경지대인 아무르강 유역에서만 번식하는 세계적인 희귀 조류이자 멸종 위기 종이라 러시아도 자국에서 보호대상종 목록에 넣어 해외 유출을 막고 있었기 때문이다. 당시 안드로노프 박사는 연구소가 있는 하바롭스크와 모스크바를 오가며 러시아 정부를 설득했다. 이러면서 거의 반 년의 시간이 흘러 버렸다.

포기해야 하나, 싶었는데 러시아에서 황새가 자연번식하는 곳에 산불이 일어나는 사건이 벌어졌다. 새끼 황새들이 많이 죽었는데, 다행스럽게도 황새는 집단을 이루어 번식하지 않기 때문에 전체가 훼손되지 않았다는 연락을 받았다. 이 사건을 계기로 황새를 한국으로 보내자는 결정이 이루어지게 되었다. 나중에 또 이런 천

재지변이 일어나 황새가 멸종되면 안 된다는 생각에서였다. 러시아 환경국은 우리에게 황새를 보내면서 "한국에서 잉여 개체가 발생하면 다시 러시아로 보내 준다"는 조건을 달았다.

나는 황새들의 유전자 다양성을 확보하기 위해 1996년부터 다섯 차례에 걸쳐 황새를 러시아로부터 도입했다. 킨간스키 자연보호구 황새 둥지를 찾아, 각 둥지마다 한 해에 두 마리에서 네 마리를 선별했다. 주로 스트레스에 가장 덜 민감한 시기인 새끼 때, 이소離巢, 새의 새끼가 자라 둥지에서 떠나는 일 직전의 몸 상態로 한국에 데려왔다.

황새들의 이송은 쉽지 않았다. 내 제자인 정석환 박사는 3일 동안 킨간스키 자연보호구에 체류하면서 네 개체의 황새 유조幼鳥, 어린 새를 한국에 데려오기 위해 준비했다. 황새 복원 연구사업의 파트너인 러시아 안드로노프 박사 일행의 배웅을 받아 이송의 첫 관문인 하바롭스크공항까지 오는 데 성공했다.

그런데 갑자기 뜻밖의 일이 벌어졌다. 그것도 안드로노프 박사 일행이 정박사의 탑승을 확인하고 공항을 떠난 후였다. 승무원이 기내 좌석에 앉아 있던 정박사를 찾아왔다. "당신이 실으려는 상자가 우리 항공기 짐칸의 높이에 맞지 않아 실을 수 없으니 내려 주

다시 황새가 사는
마을을 꿈꾸며

셔야겠습니다." 너무 당황스러운 일이었다. 그날 투입된 항공기에서 그런 일이 생긴다는 것은 상상할 수 없었다. 러시아어만 쓰는 공항 직원들과 전혀 의사소통이 되지 않는 상황도 정박사를 더욱 당혹스럽게 했다. 이미 안드로노프 박사 일행이 공항을 떠났기 때문에 정박사는 공항에서 황새 옆을 지키는 일 외에는 아무것도 할 수가 없었다. 그는 연락을 취할 곳이 없어 막막해졌다. 시간은 계속 흘렀다. 새끼들은 무려 킨간스키에서 하바롭스크공항까지 이동하는 12시간 동안 아무것도 먹지 못한 채 탈진 상태로 치닫고 있었다.

그런데 비행기 이륙 후 한 시간쯤 지났는데, 항공기가 기체 결함으로 회항하게 되었다. 결국 세 시간이나 지연되면서 다른 항공기로 교체되었고, 항공사 직원들이 황새 상자를 짐칸이 아닌 기내에 싣는 촌극이 벌어졌다. 영문도 모른 채 러시아어를 못하는 정박사는 더 의아해할 수밖에 없었다. 게다가 이런 일이 모두 항공사 자체 결정이었기 때문에 정박사는 어안이 벙벙해졌다.

나중에야 왜 이런 일이 일어났는지 알게 되었다. 항공사는 기체 결함이 황새를 실어 주지 않아서 벌어진 일이라 생각해, 황새를 비행기 안에 실을 수 있도록 특별 배려했던 것이다. 사람들은 황새를 영물로 여긴다. 비행기를 회항시킨 것도 황새가 영물이라는

기내의 황새 2017   황새를 러시아에서 한국으로 데려올 때 그 황새들을 기내에 실을 수밖에 없는 상황이 발생했다. 하바롭스크에서 김포까지 불과 두 시간의 여행이었지만, 기내의 승객들은 황새 배설물 냄새 때문에 고통을 감수해야만 했다.

다시 황새가 사는

마을을 꿈꾸며

믿음 때문이었다. 당시 기내에는 승객들의 양해를 구하는 기장의 방송이 나왔다. "승객 여러분! 이 기내에는 한국으로 이송하고 있는 국제적 멸종 위기 종인 황새가 타고 있습니다. 다소 불편하시더라도 승객 여러분의 양해를 바랍니다." 하바롭스크공항에서 김포공항까지 불과 두 시간의 비행이었지만, 기내는 온통 황새의 배설물 냄새로 가득 차고야 말았다. 탑승객들이 모두 코를 막고 두 시간을 버텨야 하는 해프닝이 벌어졌다. 결국 이 일은 한국 황새 복원사에서 잊을 수 없는 사건이 되었다.

3년 전 한반도에서 황새가 사라진 후, 1996년 7월 18일 김포공항에 러시아 킨간스키 황새 유조 두 마리가 도착했다. 비운의 마지막 음성 황새를 떠올리며 공항은 온통 취재진으로 북새통을 이루었다. 이날 황새 유조 두 마리의 이야기는 저녁 TV 뉴스 헤드라인을 장식했다. 얼마나 시끄러웠는지, 금방이라도 황새가 한반도에 복원될 것만 같았다. 주무관청인 문화재청에서도 황새 복원에 발 벗고 나섰다. 그날 이후 취재기자들이 하루가 멀다 하고 교원대에 있는 황새들을 찾아왔다. 2002년에 한국과 일본에서 공동으로 열릴 FIFA 월드컵 마스코트로 황새를 쓰면 어떻겠냐는 논의가 활발히 이루어지기도 했다. 하지만 그런 열기는 허무하게도 그리 오래가지 못했다.

월드컵 마스코트로 '황새'를 제안하는 〈충청일보〉
1996년 12월 6일자 기사.

다시 황새가 사는
마을을 꿈꾸며

어떻게 키울 것인가, 난관의 연속

이 일은 처음부터 쉽지 않았다. 대학에 황새 복원을 위한 넓은 토지가 있어야 하는데다가 사육동을 지으려면 엄청난 예산이 소요된다는 이유로 학교 구성원들이 모두 반대에 나섰다. 하는 수 없이 지금까지 사용하고 있었던 야외의 조류 실험실을 조금 개조해 시작할 수밖에 없었다. 러시아에서 황새 한 쌍을 가져와 개조한 조류 사육장에 넣었지만, 먹이 예산은 한 푼도 잡혀 있지 않았다. 부랴부랴 교수협의회 회장과 상의한 끝에 교수들이 모금을 해서 겨우 먹이값을 마련했다.

문제는 그해 겨울이었다. 황새가 사육장 안에서 영하 10도 이하의 날씨를 견뎌 낼 수 있느냐가 인공 증식 성공의 관건이었다. 충분한 예산이 없었기 때문에 당연히 방한시설을 따로 마련하지 못했다.

여기서 살펴보아야 할 점이 있다. 야생에서 번식했던 우리나라 황새들은 겨울철이면 모두 따뜻한 남쪽 나라로 떠났다. 연못이 얼면 먹이를 구할 수 없기 때문이다. 사육 상태라면 사육장 안에 마련한 수조의 물이 얼지 않게 해야 하는데, 그게 문제였다. 아침에 일어나 사육장 내 수조의 얼음을 깨 주는 일이 겨울철 내내 일상이었다. 영하 10도 이하로 내려가는 날이면, 야외 사육장에서 황새들이 먹이를 먹지 못한다. 자연 상태였다면 황새 스스로 알아서 따뜻한 남쪽으로 내려갔을 텐데. 황새 복원이 아니라 이러다 황새를 다 죽이는 게 아닌가 싶어 겨울철이면 매일 일기 예보를 보면서 황새들의 건강을 걱정하느라 잠을 설칠 때가 많았다.

차가운 겨울 날씨에 고개를 모두 가슴에 파묻고 있던 황새들이 너무 측은했다. 다리는 두 다리가 아니고 모두 한 다리였다. 황새들은 가능하면 다리 하나라도 아랫배 깃털 속에 집어 넣어 조금이라도 온기를 빼앗기지 않으려 안간힘을 썼다. 영하 10도 이하로 내려가는 엄동설한에는 얼음이 채 얼지 않은 수조 속에 한 다리만 넣은 채 온종일 서 있었다.

"아니 이렇게 추운데 바보같이 물속에는 왜 들어가지?" 누구나

다시 황새가 사는
마을을 꿈꾸며

한 번쯤 의문을 품을 수 있는 광경이었다. 하지만 조금만 생각해 보면 추운 날 물속에 들어가 있는 것이 황새들에게는 우리가 추운 날 아랫목에 발을 대고 있는 것과 똑같은 이치라는 사실을 깨달을 수 있다. 밝은 영하이지만 물이 얼지 않은 수조 속은 영상이기 때문이다. 그래서 영하로 내려가는 날이면 연구원들이 사육사와 함께 매일 얼음을 깨 주는 일부터 시작했다.

황새의 숫자가 늘어나고 새로운 사육장을 짓게 되었을 때는 사육장 수조에 입수되는 물을 빠르게 흘려보낼 수 있도록 고안한 사육 시스템을 도입했다. 그 일도 내가 황새 복원을 시작한 이후 10년이라는 세월이 지나서야 이루어졌다. 10년이 지나고 나서야 서서히 황새 복원을 위한 연구시설 본연의 모습을 갖추기 시작했다.

고귀한 탄생과
　　　　그렇지 못한
현실

　　　　　사람들은 나를 '황새박사'라 부른다. 동물행동을 연구하는 학자인 내가 러시아로부터 우리나라에 멸종된 황새 새끼를 처음 가지고 들어와서 이런 별명이 생겼다. 난 황새 유조 두 마리가 들어온 이후 열심히 실험실에서 황새 인공 번식에 몰두했다. 인공 번식을 시키다 보니 문제가 생겼다. 대개 새들은 태어나 처음 본 움직이는 물체를 어미로 알고 따르는 습성이 있다. 이를 조류학 용어로 '각인'이라 한다. 날 어미로 알고 따르면 어떻게 하지? 그래서 나는 두건을 쓰고 손에는 나무를 깎아 만든 황새 머리 인형을 보여 주면서 새끼들에게 먹이를 먹였다.
거위 새끼가 알에서 깨어난 지 12~17시간 사이에 본 물체를 어미

　　　　　　　　　　　　　　　다시 황새가 사는
　　　　　　　　　　　　　　　마을을 꿈꾸며

로 알고 따르는 것은 이미 과학자들이 연구해서 알아낸 사실이다. 그럼 황새 새끼들도 그럴까? 그렇지 않다. 거위나 오리 새끼같이 알에서 금방 깨어나 걸어 다니는 새는 이렇게 짧은 시간에 각인이 되지만, 황새는 알에서 깨어나 금방 걸을 수 없으니 이러한 각인이 뒤늦게 생긴다고 봐야 한다. 아무튼 황새들의 각인에 관해서는 좀 더 연구할 필요가 있다.

러시아에서 황새를 도입한 지 7년 만에 황새 인공 증식에 성공했다. 그때 태어난 황새 새끼에게 '칠만'이라는 이름을 지어 주었다. 사람도 태어나고 죽듯 동물도 태어나고 죽는다. 인간을 포함한 모든 생명의 소망은 제 수명을 다하고 행복하게 죽는 것이리라. 내가 사는 동안 내 눈으로 목격했던 황새의 탄생은 글자 그대로 '고귀한' 탄생이었다. 황새는 한반도 땅에서 수천만 년 동안 살아왔지만 한민족 누구한테도 탄생의 순간을 보여 준 적이 없었다. 연구실에서 내 눈으로 그 고귀한 탄생을 처음 본 것이다. 나는 그 탄생을 기념하여 내가 재직하고 있었던 교원대 캠퍼스 한편에 '고귀한 탄생'이라는 비명을 새긴 비석을 세웠다. 그 비석에 다음과 같은 글을 새겨 넣었다.

황새천연기념물 199호는 1900년 초까지 우리나라에 흔한 새였으나 마지막 남은 한 쌍 중, 수컷이 1971년 밀렵꾼에 사살되어 암컷 혼자 무정란을 낳고 살다가 1994년 이 황새마저 죽자 텃새 황새는 완전히 사라졌다.

1996년 7월 황새 복원 프로젝트 시작
2002년 4월 황새 두 마리 인공 번식 성공
2003년 6월 황새 한 마리 자연 번식 성공
2004년 5월 세 마리 자연 번식 성공

이 비석이 세워지고 10년이 지난 2015년 9월 3일 충남 예산군 광시면 대리 예산황새공원에서 황새 10개체 자연방사 8, 단계적 방사 2 야생복귀식이 거행되었다. 2023년은 황새 야생 방사 8주기를 맞는 해다. 그런데 이 방사한 황새들이 아직도 우리 자연에 살아 있을까? 이미 여덟 마리가 사망했고 실종되었다. 황새들의 수명이 25~30년 정도라고 했을 때, 모두 살아 있어야 정상이지만 현실은 너무 참담하기만 하다.

다시 황새가 사는
마을을 꿈꾸며

각인 강의실 2015 　조류의 각인을 주제로 강의하는 황새박사. 알을 인큐베이터에서 인공 부화시킬 때 문제가 하나 있었다. 새끼가 어미 모습을 보고 자라야 하는데 어미가 없는 실험실이었기 때문이다. 나무로 황새 어미 머리 모양을 만들어 부리를 집게 삼아 새끼를 먹여 살렸다. 물론 얼굴도 두건으로 가려 사람의 모습이 각인되지 않게 했다. 이런 실험은 나중에 이 새끼가 자라 자연으로 돌아갔을 때 사람을 자기 어미인 줄 알고 따라다니지 않게 하기 위해서였다.

박쥐에서 황새까지 2017   황새박사의 연구는 박쥐에서 시작되었다. 독일에서 박쥐 초음파 연구로 학위를 받고 교원대 동물학 교수로 활동하던 중, 생물들이 자꾸 멸종하고 있다는 사실을 깨닫고 황새 복원 연구를 시작했다 러시아로부터 황새를 도입한 지 7년 만에 세계 네 번째로 황새 인공 증식 성공이라는 쾌거를 이루었다.

다시 황새가 사는
마을을 꿈꾸며

'고귀한 탄생'이 이 땅에서 물거품이 되어 사라져 버리는 게 아닐까? 내가 실험실에서 번식시켰던 황새들이 제 수명도 다 채우지 못하고 죽어 가는 현실에 망연자실할 때가 너무 많다. 박쥐 연구를 시작으로 내 학문의 꿈은 이제 노년을 마주하고 있다. 시간이 많이 남아 있지 않다는 사실 때문에 마음이 더 무거워진다.

20년 동안 우리나라 자연에 복귀시킬 황새의 개체군을 만드는 건 결코 쉬운 일이 아니었다. 그냥 숫자만 늘려서는 안 된다는 게 한반도 황새 복원 연구의 출발이었기 때문이다. 자연 적응을 위해 무엇보다 근친인 개체들을 배제하기 위한 연구가 선행되어야 했는데, 이 연구와 함께 황새 야생 방사를 하기까지 거의 20년이란 세월이 필요했다. 나와 제자들이 이를 위해 노력을 많이 했다. 유전자가 다른 황새들을 데려와 유전자 다양성을 확보한 개체군을 만드는 일. 외모만 보면 다 같은 황새라고 생각하겠지만 생태 연구 학자들은 절대 그렇게 생각하지 않는다.

최소 100년 동안 자연에 적응하며 살아갈 개체들을 만들 생각으로 일을 추진했다. 충남 예산에 황새공원을 만들었지만 내가 꿈꾸어 왔던 한반도 황새 복원 연구는 그것이 전부였다. 황새 복원의 핵심축인 황새 연구시설이 예산 부족을 이유로 미루어졌고, 예산황새공원 내 연구동 건립은 끝내 백지화되었다.

황새야생복귀식과
　　　　일본으로 날아가다
생을 마친 산황이

2015년 9월 3일은 황새가 야생에서 사라진 지 반세기 만에 충남 예산군 광시면 대리 마을에서 황새야생복귀식이 열렸던 날이다. 물론 이 마을에는 황새들의 서식지가 될 약 10만 제곱미터 규모의 예산황새공원도 만들었다. 그날은 마을 주민뿐만 아니라, 환경부장관, 문화재청장도 황새야생복귀식에 참석해 축하해 주었다.

야생으로 날아간 열 마리 황새들은 각자 모두 이름이 있었다. 그리고 황새 등에는 위치 추적을 위한 전파발신기도 채워 놓았다. 이름은 대·한·민·국·만·세·예·산·천·연, 이 각 열 글자 뒤에 '황'자를 붙여 지었다. '대황'이가 가장 어른, 그다음 '한황'이, 이런 식으

다시 황새가 사는
마을을 꿈꾸며

황새야생복귀식2015   100여 마리의 황새 증식을 끝내고 충남 예산군 광시면 대리 마을(예산황새공원)에서 국내 최초로 황새야생복귀식이 열렸다. 환경부 장관, 문화재청장, 그리고 예산군 주민 1000여 명이 황새의 야생 복귀를 축하했다.

로. 끝에서 세 번째 수컷이 '산황'이었다.

산황이는 1년생 수컷으로 자연에서 오래 살아갈 수 있게 젊은 개체로 특별히 선별되었다. 산황이는 야생 방사 석 달이 지난 시점에 11월 24일 전라남도 신안 앞바다까지 내려갔다. 겨울이 다가오면서 산황이는 그날 남쪽으로 날아가려고 했던 모양이었다.

하늘에 구름이 넓게 드리운 오후 2시쯤이었다. 산황이는 한 번도 가본 적 없는 중국 남쪽 양쯔강 하구, 중국에서 가장 큰 철새 도래지로 가려고 했던 것 같다. 등에 채워진 전파발신기에서 그 위치를 내게 알려 왔다. 목표 지점 200킬로미터를 앞두고 갑자기 검은 비구름이 앞을 가렸다. 이내 앞은 칠흑 같은 어두움으로 아무것도 보이지 않았다. 도저히 전진 비행이 불가능했다. 산황이는 부랴부랴 기수를 왼쪽 방향으로 돌릴 수밖에 없었다.

시간이 지났을까, 파도는 거셌지만 산황이의 시야는 한결 나아졌다. 기온도 다시 따뜻해졌다. 벌써 신안 앞바다를 떠난 지 10시간이 흘러가고 있었다. 산황이의 비행은 물 한 모금도 먹지 못한 채 지속된 고된 일이었다. 아직도 중간 기착지가 보이지 않았다. 산황이의 눈에는 망망대해만 들어왔다. 산황이는 바다 위에서 아침을 맞이했다. 바다의 파도 위로 만들어진 상승기류를 이용해 활공하며 전진 비행만 계속했다. 상승기류 덕분에 에너지를 조금

다시 황새가 사는
마을을 꿈꾸며

아낄 수 있어 몸은 덜 피곤했다. 벌써 전라남도 땅을 떠나온 지 하루 반나절이 지나가고 있었다.

"땅이 보이면 목이라도 축여야지!" 그러나 출렁이는 파도뿐, 아무것도 보이지 않았다. 산황이는 바다 위에서 더 이상 버틸 수 없는 상황에 이르렀다. "이러다가 죽는 것이 아닐까? 이대로 죽기에는 난 너무 젊은데." 한 줄기 희망의 끈을 버리지 못하고 산황이는 죽을힘을 다해 다시 날개를 펄럭였다.

산황이가 정말 대견하지 않은가? 한 번도 경험한 적 없는 바다를 건너다니! 그것도 1000킬로미터나! 아직 어린 날개로 비바람을 뚫고 비행하다니! 하지만 그때 산황이에게 가장 필요한 것은 바로 물과 식량이었다. 험난한 비행을 시작한 지 34시간이 지났을까. "아, 육지가 보인다!" 처음으로 착륙할 땅을 발견하고 산황이는 안도의 숨을 쉬었다. 산황이가 처음 발견한 땅은 일본 남단 오키노에라부섬이었다. 그 섬은 일본에서도 황새가 사는 곳은 아니다. 일본 열도에서도 아주 남쪽에 위치한 곳이라 원래 이곳은 논 습지가 없었다. 그렇다 보니 황새들이 먹이를 사냥할 습지가 없는 땅이었다. 그렇지만 산황이는 허기진 배를 달래기 위해 풀밭 위를 헤집고 다녔다. 풀벌레를 잡기 위해서였다.

산황이는 벌레를 잡기 위해 오키노에라부공항 풀밭까지 다가갔다.

비구름2016　방사한 황새 산황이가 중국 양쯔강을 향해 바다를 건너던 중 강한 비구름을 만나 동중국해로 기수를 돌렸다. 산황이가 이 비구름만 없었더라면 중극의 안전한 겨울 서식지에 무사히 도착했을 텐데. 신안 앞바다에서 양쯔강 하구까지 600킬로미터의 길은 산황이의 조상들이 해마다 겨울철이면 건너던 길목이었다.

다시 황새가 사는
마을을 꿈꾸며

망망대해 2016   산황이는 넘실대는 파도를 넘어 34시간 동안 바다 위에서 계속 비행했다. 한국의 신안 앞바다를 떠나 거의 1000킬로미터의 비행을 이어 갔다. 그 비행은 잠도 자지 않고 물도 먹지 못한 채 망망대해의 파도를 넘는 긴 여정이었다.

다시 황새가 사는

마을을 꿈꾸며

높은 파도 2016 　모든 것을 삼켜 버릴 것만 같은 파도도 산황이를 어찌할 수 없었다. 산황이는 긴 날개를 펄럭이며, 이틀 밤을 뜬눈으로 보냈다. 물론 마실 물과 식량은 없었다.

<u>오키노에라부섬2016</u>　산황이는 일본 열도 남단에 위치한 작은 공항의 풀밭에 도착했다. 허기진 배를 달래기 위해 공항의 풀밭을 뒤졌다. 하지만 공항 직원이 쏜 총에 갖고 쓰러졌다.

다시 황새가 사는
마을을 꿈꾸며

흥분한 가족 2016   간신히 일본 섬에 도착한 산황이가 그곳에서 총에 맞고 소각되었다는 소식을 듣자 격분한 사람들.

그날은 기운이 너무 없었던 터라, 주식인 물고기를 한 마리도 잡을 수 없었기 때문이었다. 그런데 어디선가 갑자기 '탕 탕 탕' 총성이 들렸다. 놀라 급히 피해 보려 했지만 기운이 쇠잔해 훨훨 날아오를 수 없었다. 결국 다음 총알이 산황이의 몸통을 관통하고 말았다.

거의 한 달 간에 산황이가 죽었다는 소식을 접했다. 일본 〈요미우리 신문〉은 산황이가 비행기와 충돌해 사망했고, 공항 직원이 사체를 발견하고 곧바로 소각했다고 보도했다. 이 소식을 접하고 화가 치밀어 올랐다. "일본 사람은 황새를 특별천연기념물로 지정하여 보호한다면서 사체를 불태워 버리다니!" 흥분을 가라앉히고, 오키노에라부공항에 산황이의 사고 경위를 알려 달라고 이메일을 보냈다.

이상하게도 보내 온 답변서에 기체와 충돌했다는 흔적이 보이지 않았다. 5킬로그램의 몸무게인 황새가 기체와 충돌했다면 어딘가 긁힌 자국이라도 있는 게 당연하지 않은가? 황새의 머리에 피가 흘렀다고 적어 놓고서! 나는 사고 경위를 받아 들고 불법 소각한 공항 직원을 가고시마 검찰청에 고발할 수밖에 없었다. 거의 1년이 지난 두였을까? 가고시마 검찰청은 공항 직원을 수사하지도 않고 불기소 처분했다는 통지서만 보내왔다.

다시 황새가 사는
마을을 꿈꾸며

왜 일본 검찰청은 수사도 하지 않고 나에게 이런 불기소 통지문만 보냈을까? 가고시마 검찰청에 고발장을 보내기 전, 주한일본대사관에 천연기념물 불법현상변경죄를 물어 일본 당국의 진상 파악을 요구했다. "귀국의 오키노에라부공항은 일본 신문에 보도가 될 때까지 황새의 사체를 귀국의 관계 기관에 신고하지 않고 소각 처리했습니다. 이 행위가 귀국의 특별천연기념물보호법에 위배되는 것은 아닌지 검토하고 그 처리 결과를 알려 주십시오"라는 내용의 공문을 보냈다. 주한일본대사관은 이 공문 접수를 거부하고 나에게 반송했다.

하는 수 없이 우리나라 문화재청과 문화관광위 소속 국회의원에게도 도움을 청했다. "우리 외교부를 통해 일본 외교부에서 이 사건을 다룰 수 있게 해 달라"고 요청했다. 그러나 이들도 나의 요구를 거절했다. 자기들은 국내 문제만 다루지 외국의 천연기념물 불법 소각 문제까지는 해결할 수 없다는 구두 답변이 왔다. 사실 한 개인이 일본의 사법기관에 고발장을 보내는 일은 달걀로 바위 치기라는 사실을 알고 있었다. 그럼에도 불구하고 내가 가고시마 검찰청에 고발장을 보낸 이유는 우리 후손에게만이라도 알려 주어야 한다고 생각했다. 일본이 불법을 저질렀는데 한마디 말도 하지 못한다면 과연 이 나라가 주권국일까?

일본은 자국의 황새 보호에만 열광하는 나라다. 황새를 특별천연기념물로 지정하고 있는 것에서 알 수 있다. 그리고 우리보다 10년 앞서 홍새를 야생으로 복귀시킨 일본은 미국과 유럽 등지에 자국의 황새들을 열심히 홍보하고 있었다. 자국의 인공위성 이름에 '고노도리'コウノトリ는 황새라는 뜻이다라는 명칭을 붙인 것을 보면 알 수 있다.

산황이를 생각하면 나는 우리나라가 아직도 국제적으로는 힘이 많이 부족하고, 선진국이 되려면 수십 년이 흘러야겠구나, 하며 한숨을 짓게 된다. 나에게는 우리나라 황새들도 국제적으로 인정받을 수 있게 해 달라고 기도하는 수밖에는 다른 방법이 없었다. 국적이 다르다고 해서 황새마저 이런 대접을 받아서 되겠는가!

다시 황새가 사는
마을을 꿈꾸며

산황이를 기억하며2018   어떻게 복원했는데 이런 일이 일어난 것일까. 그냥 황새 한 마리가 아니었다. 더 이상 일본에게 이런 수모는 당해서는 안 된다. 재발을 막기 위해 애써 보았지만 아무 소용이 없었다. 저녁 무렵 산황이가 내 앞에 나타나 이렇게 말하고 있었다 "박사님! 너무 슬퍼하지 마세요. 그래도 난 어린 나이에 1000여 킬로미터 바다를 건넌 황새였으니까요. 우리는 저 천국에서 다시 만나면 되잖아요."

3

장애물에 가로막힌 황새 복원 연구

종 복원은
　　　왜 필요한가?

　　　　　현재 지구상에 존재하는 생물은 약 1400만 종이라고 한다. 실제 조사된 생물 종 수는 약 170만 종으로, 2100년에는 전체 생물의 33퍼센트가 멸종할 것이라 예측한다. 생물 종은 왜 이렇게 사라지고 있는 것일까? 옛날에는 멸종 원인이 모두 자연재해였지만, 오늘날은 모두 인간의 활동 때문이다.
　겨우 한 종이 사라진다고 생태계에 무슨 큰 영향이 있겠냐고 생각할 수 있다. 하지만 그렇지 않다. 생태계는 수많은 생물 종이 그물처럼 네트워크를 형성하며 살아간다. 한 종이 사라지면 다른 종에 영향을 미쳐 생태계는 사용할 수 없는 그물처럼 되어 버린다. 결국은 동물 종의 하나인 인간도 그 영향을 받을 수밖에 없다.

《판스워스 교수의 생물학 강의》라는 책이 있다. 프랭크 H. 헤프너 교수가 대학 신입생들을 대상으로 생물학을 쉽고 재미있게 가르치기 위해 쓴 책인데, 판스워스 교수는 책의 주인공인 가상 인물이다. 그는 이렇게 말한다.

"생태학에서 개체는 그리 중요하지 않다. 왜일까? 하나의 개체에 일어난 일이 그 종 전체에 미치는 일은 극히 드물기 때문이다. 예를 들어 내가 내일 죽는다면 가족과 친지는 슬퍼하겠지만, 지금으로부터 200년 후의 인류에게는 아무런 영향도 미치지 않을 것이다. 하지단 중요한 예외가 있다. 극소수밖에 남아 있지 않은 아주 희귀한 종일 경우에는 한 개체의 운명도 중요한 의미가 있다."

멸종의 원인이 모두 인간에게 있다는 점에서 인간은 사라졌거나 사라질 위험에 처한 종의 복원에 책임이 있고 책임을 져야 한다. 초기에는 인간들의 무분별한 포획이 문제였다. 하지만 근대사회로 들어서면서 인류의 식량 증산에 투입된 인공 비료, 제초제, 살충제 같은 화학물질이 멸종을 초래한 흉기가 되었다. 여기에 많은 생물 종의 서식지가 모두 개발이라는 이름으로 파괴되어 멸종을 부추기고 있다.

복원은 단순히 종을 늘려 자연으로 되돌리는 일이 아니다. 환자를 치료할 때 근본적으로 병의 원인을 제거해야 하듯, 종 복원은

장애물에 가로막힌
황새 복원 연구

생물들을 무분별하게 마구 잡는 것, 화학물질 사용을 줄이는 동시에 사라진 서식지를 되돌려 주어야 가능하다.

한 종이 이 지구에서 사라졌을 때, 다시 그 종을 사람이 만들어 낼 수 없다면 '복원'이라는 말을 사용한다. 공룡이나 매머드의 유전자를 찾아내 복제기술로 만들어 내는 것이 '복원'이다. 하지만 아직 지구에 현존하는 종의 개체를 인위적으로 증식해서 야생으로 돌려보냈다면 복원이라 할 수 없다. 조금 낯선 용어지만 국제용어로는 재도입 또는 복귀reintroduction라 한다. 1996년 처음으로 러시아에서 황새를 들여왔을 때 이 용어가 낯설어 복원이라는 표현을 썼는데, 엄밀하게 말하면 복원이 아니라 재도입이 되어야 한다. 재도입은 과거에 그 지역에서 살았지만 현재 그 지역에서 사라진 탓에 다른 지역에서 사는 개체를 가져다가 과거에 살았던 야생에 되돌려 보냈을 경우에 쓴다. 이런 행위 자체는 야생 복귀라 하는데, 복귀는 재도입과 동의어로도 쓰인다.

황새라는 동물이 대상이라면 분명 '재도입'이라는 용어를 써야 하지만 완전히 파괴되어 사라진 서식지를 재생할 때는 복원이라는 말을 써도 무방해 보인다. 올바른 용어는 아니지만, 황새 도입, 개체 증식, 개체가 살아갈 서식지 재생을 포함하는 일련의 과정을 '황새 복원'이라는 용어로 사용해 왔다.

황새 복원의 경우 다음과 같은 단계로 진행되어야 한다. 1단계, 황새가 우리나라 땅에서 사라졌기 때문에 아직도 지구상에 남아 있는 러시아와 중국 국경인 아무르강 유역의 번식 개체군에서 황새를 도입한다. 이 단계에서 개체를 어느 정도 도입할지 결정한다. 한 쌍만으로는 증식할 수 없기 때문에 과거에 우리나라의 자연에서 서식했던 개체 수를 정밀하게 파악해 그 숫자를 정한다. 도입할 당시에는 과거 우리나라에 서식했던 개체군을 약 100마리로 추정했고, 1996년부터 2005년까지 러시아와 일본 그리고 독일에서 21마리를 도입했다.

2단계는 개체 증식을 하는 일이다. 21마리에서 8쌍을 꾸려 총 150마리로 증식을 끝마쳤고, 근친이 없는 이 개체 중에 야생에 돌려보낼 개체를 확보한다. 3단계는 서식지 복원. 가장 어려운 과정이다. 황새 복원 전체 과정을 100퍼센트라 한다면 90퍼센트가 서식지 복원이라 할 수 있다. 사실 서식지 복원은 자연 복원과 동의어다. 황새가 다시 살 수 있다면 인간이 기대어 살아가는 자연도 다시 살아날 수 있는 것이다. 그래서 아직 갈 길이 너무나 멀다.

황새는 1920년대부터 습지 감소, 사냥 등으로 개체 수가 감소하기 시작했고, 1950년대 전쟁과 농약 사용 급증으로 개체 수가 급감했다. 1971년 우리나라 마지막 황새 한 쌍이 발견되었으나 사

장애물에 가로막힌
황새 복원 연구

냥꾼의 총에 맞아 수컷이 사망했고, 결국 1994년 한반도 자연에 서식했던 황새는 완전히 사라졌다. 그 후 1996년부터 러시아에서 어린 황새를 도입한 뒤 2002년 국내 첫 사육 상태 번식에 성공한다. 2009년 충남 예산군에 황새 방사 대상지를 선정했고 2013년 충남 예산군 예산황새공원이 완공되어 2015년 한반도 야생 복귀의 문을 열었다.

황새 복원은 연구사업이 되어야 한다

황새 야생 복귀를 앞두고 '한국교원대학교 황새 임치 규정'(이하 황새임치규정)이 제정되었다. 성공적인 야생 복귀를 위한 황새들의 유전자 다양성 연구를 계속해 나가고, 야생으로 복귀한 개체들의 유전자를 관리하는 기능을 하기 위해서였다. 또 황새임치규정은 증식시킨 황새들의 소유권이 교원대에 있다는 사실을 명시하고 있다. 법률용어인 '임치任置'는 "당사자 중 한쪽이 금전이나 물건을 맡기고 상대편이 이를 보관하기로 약속함. 또는 그로써 성립하는 계약"을 의미한다. '맡기고 보관한다'는 의미가 있어 학교가 다시 황새를 되돌려 받는 것인지 의문이 생길 수 있지만, 그런 것은 아니다. 황새임치규정은 황새를 교원대에서 이동시키고

장애물에 가로막힌
황새 복원 연구

야생 방사할 때 반드시 황새 복원 전문가의 참여 속에 심의 회의를 거치도록 규정하고 있다.

2014년 이 규정이 만들어진 이후 60마리 황새를 예산군으로 이동시켰던 날, 문화재청과 예산군의 반발도 없지 않았다. 내가 교원대를 떠나도 이 황새 복원 연구는 계속되어야 했기 때문에 이 규정은 꼭 존속되어야 한다고 생각했다. 그러나 내가 떠나자 이 규정도 한순간 무용지물이 되고 말았다. 그때부터 황새는 연구자의 손에서 지자체 단체장을 비롯한 공무원들의 손으로 넘어갈 수밖에 없었다. 내가 정년퇴임을 하자 황새를 이용해 제 욕심을 채우려는 사람들이 생겨났다.

2016년 예산 군수는 충청남도 체육대회 행사의 일환으로 예산 공설운동장에서 황새를 방사하려고 하니 황새 방사를 허가해 달라고 요청해 왔다. 황새임치규정에 부합하지 않아 허가하지 않았다. 하지만 내가 교원대를 떠난 후 예산 군수는 '황새축제'라는 이름으로 행사 때마다 아무런 대책 없이 황새를 날렸다. 어떻게 이런 일이 벌어질 수 있을까?

2017년 4월 정년퇴임 직후, 당시 교원대 총장이 문화재청을 방문해 청장을 만난다는 소식을 내 연구원으로부터 전해 들었다. 그때 나는 '왜 뜬금없이 교원대 총장이 문화재청을 방문할까? 언제부터 교원더 총장이 황새에 관심을 가졌다고! 이상한 일도 다 있구나!' 너무 의아했다. 그런데 참 묘한 일이 벌어졌다.

그해 교원더는 문화재청으로부터 35억 원의 예산 지원 약속을 받았다. 그리고 현재 교원대 캠퍼스 학군단장 관사 부지에 '황새생태연구원' 건물을 지었다. 나는 나중에서야 황새를 두고 밀실행정이 있었다는 사실을 알았다. 문화재청은 증식시킨 황새들의 소유권을 교원대가 주장하지 않는 대가로 국고를 교원대에 지원해 준 것이다. 결국 황새임치규정은 돈 앞에서 빛을 발하지 못했고, 20년간 진행시켜 왔던 황새 복원 연구는 내가 정년퇴임하면서 내리막길을 걷게 되었다.

사람들은 황새들에게 너무 무심하다. 정년퇴임을 하고 동해를 다시 찾았다. 울릉도는 인생의 파고를 만났을 때마다 내가 찾는 곳이다. 사람들은 모두 우리 땅에서 멸종되었으니 방사만 하면 된다고 여긴다. 황새를 연구하는 나에게는 너무 참담한 생각이다.

원래 황새임치규정은 국제자연연맹IUCN이 정한 멸종 위기 종 복원 지침서에 근거해 마련되었다. 내가 20년간 황새를 연구하면서 이 지침서에 따라 예산황새공원도 만들었다. 황새임치규정은 과거 황새가 번식했던 곳에 번식 쌍을 재도입해 황새의 야생 복귀를

장애물에 가로막힌
황새 복원 연구

<u>황새를 지켜 주지 못한 사람</u>2021   황새임치규정까지 만들어 황새들을 지키려 했는데, 결국 황새는 사리사욕에 눈 먼 사람들의 손에 넘어가고 말았다. 그리고 그 사람들은 황새들이 어떻게 살아가는지에는 관심조차 없다. 그들의 세상에는 그저 연례 행사로 황새를 날리는 일만 있다.

도모하기 위해 제정되었다. 이 규정을 지키지 않는다는 것은 교원대가 황새 연구를 포기한 것과 다름없었다. 그런 과거가 반복되지 않으려면 교원대가 황새임치규정만은 반드시 지켜야 하며, 문화재청과 지자체가 주도하는 무분별한 황새 방사 행위는 근절되어야 한다.

황새들을 예산군으로 이전시킬 때만 해도 황새임치규정은 이 사업을 '연구사업'이라 명시했다. 그러나 현실은 그렇지 못하다. 내 연구실 한편에서 태어난 황새들에게 우리의 자연에서 행복하게 살게 해 준다고 약속했는데! 그 약속을 지키지 못해 매일매일 힘들어하며 후회한다.

나는 동물행동학의 아버지이자 노벨상 수상자인 콘라트 로렌츠를 존경하며 살아왔다. 내가 콘라트 로렌츠 박사처럼 인류에게 영감을 주는 논문으로 노벨상을 받았다면 황새 복원이 이렇게 되지 않았겠지. 황새 복원 연구자로서 황새들에게 너무 미안하다. 우리는 평생 실패를 반복하는 시간을 살고 있다. 멸종 위기종이자 천연기념물인 황새에게는 더 그렇다.

한반도에서 마지막 황새가 충북 음성에서 총에 맞아 죽었을 때, 우리나라 조류학계의 대부라 불렸던 원병오 교수가 있었다. 그 당시 관련 논문이 한 편도 없었다. 다만 신문과 방송에서 그 사건을 떠들썩하게 다루었을 뿐이다. 아마 한 종의 새를 두고 그렇게 언론이 많이 주목한 일은 건국 이래 전무후무했을 것이다. 지금도 이런 일이 반복되고 있어 너무 안타깝다. 연구는 없어지고 신문과 방송에서는 황새가 야생에서 둥지를 틀었다는 소식으로 요란만 피운다.

황새 복원 사업은 분명 '연구사업'이다. 우리나라 황새 복원 사업이 지자체 단체장의 손에서 벗어나지 못하는 한, 내 손에서 자란 황새들은 언젠가 다 사라지고 말 것이다. 그래서 나는 오늘도 고개를 숙인다. 지금이라도 지자체 단체장은 우리나라 황새 복원 사업이 지역의 신문이나 방송에서 떠들썩하게 요란만 피우는, 보여주기 위한 사업이 아니라는 사실을 꼭 기억해 주었으면 좋겠다.

장애물에 가로막힌
황새 복원 연구

못다 이룬
　　　황새연구재단 설립의
꿈

　　　　　내가 한반도 황새 복원을 위한 배의 닻을 처음 올린 곳
은 충북 청주시에 위치한 교원대다. 벌써 26년이라는 세월이 흘
렀다. 분명 목표가 있었다. 처음에는 사단법인 한국황새연구센터
로 출발했다. 그러나 그 복원선의 항해가 순탄치만은 않았다. 사
단법인은 없어지고 교원대 황새생태연구원으로 이름을 바꾸어
항해를 이어 갔지만, 바뀐 선장은 배를 결국 목표를 향해 몰고 가
지 못했다. 이제 와서 항해를 제대로 할 수 있을지 모르겠다. 그렇
지만 조금 더 힘을 내 보려 한다. 내가 정년퇴임한 지도 벌써 7년
이 흘렀다. 우리나라 황새 복원 연구는 내가 교원대를 떠나면서
끝나고 말았다. 모두 내 불찰이자 능력 부족 탓일 텐데, 이제와

후회한들 어찌할 방법이 없다. 과거는 과거일 뿐 이대로 주저앉지 않고, 닳은 시간이 남아 있지 않지만 최선을 다해 보려 한다.

나는 교원대 재직 당시 문화재청 소속인 사단법인 황새복원연구센터장으로 일했다. 그러나 내가 교원대를 퇴임하면서 연구센터는 없어졌고, 나와 함께했던 연구원들도 퇴임 이후 떠날 수밖에 없었다. 황새 연구가 다시 시작되기를 바라는 마음으로 예산군 읍내에 사비를 들여 방을 얻었고, 2년 동안 예산군 내 연구재단 설립을 위해 홀로 발품을 팔아야만 했다.

그러나 재단을 설립하려면 최소 토지라도 등록시켜야 하는데, 현재 예산황새공원 부지는 모두 예산군 소유로 되어 있다. 내가 처음 예산군에 황새 복원을 하려고 했을 때만 해도 당시 군수는 연구가 필요하다는 내 생각을 많이 이해해 주었다. 그러나 군수가 바뀌자 새 군수는 황새 복원에 무슨 연구가 필요하냐며 의문을 가졌다. 그분은 '동물원에서 동물을 사육해 군민들에게 보여 주면 되는 게 아닌가?'라는 식의 사고방식을 가진 사람이었다.

예산군은 조례를 만들어 현재 교원대 황새생태연구원에 연구비를 지불하고 연구를 하고 있다고 주장한다. 그러나 교원대는 내가 퇴임한 후에 연구원장으로 일할 생태 복원 전문가조차 뽑지 않은 채 허울뿐인 황새생태연구원이라는 조직만 가지고 있다. 나

장애물에 가로막힌
황새 복원 연구

는 낙심할 수밖에 없었다. 20년을 버텨 왔던 한반도 황새복원사업이 이렇게 막을 내려야 하는가?

충북 음성군 생극면 관성리 마을 주민들은 시신이라도 찾고 싶은 유족의 심정일 것이다. 총에 맞아 죽은 수컷 황새는 현재 경희대학교 자연사박물관에 박제로 전시되고 있고, 암컷은 인천의 국립생물자원관이 따로 전시·보관하고 있다. 나는 우리나라에서 황새 복원을 처음 시작할 때부터 이 두 황새 박제를 충북 음성군으로 되돌려 줄 수 없을까 고민해 왔다. 이 박제 황새가 제자리로 돌아올 때 멈춘 황새 복원 연구도 다시 시작되었으면 하는 바람이 있었기 때문이다.

그래서 작년에 음성군에 한 가지 제안을 했다. 우리나라에서 황새가 마지막으로 살았던 그 마을에 황새박물관을 건립하자는 것이었다. 내가 정년퇴임을 하면서 멈추어 버린 황새 복원 연구가 충북 음성군 생극면 관성리에서 다시 꽃 피울 수 있다면 얼마나 좋을까! 충북 음성에 황새박물관이 지어지는 날, 나는 내 황새 그림들을 기증하겠다고 약속했다.

마지막 황새의 죽음2022   1971년 충북 음성군 생극면 관성리라는 마을에 우리나라 마지막 황새 쌍이 살고 있었다. 하지만 4월 3일 몰지각한 사냥꾼의 총에 맞아 수컷이 죽었다. 남은 암컷 황새는 홀로 10여 년을 그 마을에서 더 살다가 농약 중독으로 서울대공원에 이송되었다. 그 '과부 황새'도 1994년 수명을 다해 이 세상을 떠났다.

장애물에 가로막힌

황새 복원 연구

내가 그림을 그리는 이유

　　　　　죽으면 하늘나라에서 꼭 만나고 싶은 사람이 있다. 수채화의 대가인 독일 화가 에밀 놀데Emil Nolde다. 나는 그를 만난 적이 없다. 그는 내가 태어나서 네 살이 되었을 때 이미 하늘나라로 갔기 때문이다. 독일 유학 시절 한 서점에서 작품집으로 처음 그를 만났다. 놀데가 우리의 한지 같은 종이에 놀데가 화가로 활동할 당시 독일에서 구할 수 있는 일본 종이Japanese paper 그린 환상적 색채의 수채화는 나의 눈길을 사로잡고 말았다. 왜 놀데는 일본 종이에 그림을 그렸을까! 나는 우리나라 한지 위에 그림을 그려 놀데에게 보여 주고 싶었다.

뒤늦게 그의 묘지 앞에 섰다. 독일 북부 덴마크와 국경을 마주한

세뷸Seebüll에 위치한 놀데재단 뜰에 그의 무덤이 있다. 자손이 없는 놀데의 무덤 옆에는 아내의 묘도 있었다. 놀데의 생가는 놀데의 그림을 사랑했던 사람들이 놀데재단을 설립해 놀데미술박물관으로 운영되고 있다. 너무나 닮고 싶었던 사람이었기에 내가 죽으면 그의 곁에서 어깨너머로 그림을 그리고 싶다고 고백했다. 그리고 놀데재단처럼 우리나라도 황서재단이 있었으면 좋겠다고 생각했다.

충남 예산군 대술면 궐곡리에 가면 "황새가 있는 풍경을 꿈꾸다"라는 글자를 새긴 타임캡슐이 묻혀 있다. 이 타임캡슐은 2017년 1월 18일 정년을 앞두고 일제강점기 황새 한 쌍이 번식했던 곳에 묻었다. 이 캡슐의 개봉일은 2096년 7월 17일이다. 한반도 황새 복원 시작 일부터 만 100년이 되는 해다. 내가 죽고 나서 한참 후에야 이 타임캡슐을 열어 볼 수 있다.

캡슐 안에는 독일 유학 시절부터 정년 퇴임하기 전까지 그린 나의 그림 100점이 묻혀 있다. 나는 내 제자들과 가족에게 내가 죽으면 뼛가루를 이 타임캡슐 한편에 함께 묻어 주었으면 좋겠다는 말을 남겼다. 그 자리에 황새재단이 들어설 수 있다면 얼마나 좋을까!

황새 복원 연구를 하면서 꼭 해 보고 싶은 게 있었다. 죽기 전 그

장애물에 가로막힌
황새 복원 연구

일을 해낼 수 있을지 모르겠다. 나이는 들었지만 아직 그 꿈을 버릴 수 없다. 그 꿈은 예산과 경기도 파주에 '황새연구재단'을 설립하는 일이다. 황새가 옛날에 번식했던 황해남도 배천군에 황새연구재단을 짓고 싶지만, 아직은 그곳에 들어갈 수 없으니 경기도 파주시 문정읍 마정리에 우선 터를 잡아 보고 싶다. 당연히 돈이 많이 들어갈 것이다. 재단 설립을 위한 비용이 112억 정도 추산된다. 그 비용을 만들어 보려고 매일 한지에 수채화 그림을 그려 보고 있다.

나에게 황새는 가족과 같다. 가족이 집을 나가 행방을 모른다면 슬프고 괴로운 일이다. 황새 한 쌍이 새끼를 낳고 살아가려면 최소 여의도 정도 되는 면적의 땅이 필요하다. 황새재단을 설립해 그 땅의 생물권 보존 연구를 하고 싶다. 황새는 논습지, 농경지, 하천, 그리고 임산의 생물권이 잘 보존될 때 지속가능한 생존을 보장받을 수 있다. 나는 황새의 생존을 보장해 줄 수 있는 환경을 만드는 일이 우리네 삶의 질을 높이는 일이라 믿는다. 적어도 다음 세대들은 그런 환경에서 살았으면 좋겠다.
미하엘 오토Michael Otto는 독일의 황새연구재단 설립자다. 그는 나와 같은 과학자는 아니지만 황새가 사는 환경을 보호하고 자 하는 열정만큼은 과학자인 나보다 한 수 위인 사람이다. 그는 독일에서 우편 주문 상거래 사업을 했던 아버지를 이어 현재 글로벌 전자상거래 회사 오토페어잔트Otto Versand Gmbh & Co.의 소유주다. 그는 일찍이 환경운동가로 활동했으며, 그의 회사는 안전한 친환경 제품을 취급하고 있다. 독일 북부 베르겐 후센Bergenhusen이라는 황새마을에 가면 그의 이름을 딴 독일의 황새연구재단Michael Otto Institut이 있다. 황새연구재단은 그가 평생 모은 재산으로 운영되고 있다.

2005년 중국 베이징에서 회의가 열렸다. 미국 위스콘신주에 본부를 둔 두루미재단에서 주최한 행사였다. 두루미재단은 CNN 설립자인 테드 터너Ted Turner의 재정적 지원을 받아 북한 강원도 안변군 일대의 두루미 서식지를 보호하기 위해 친환경 농업 지원 프로젝트를 실시한 바 있다. 이 프로젝트에 남한의 학자가 참여할 수 없었다는 사실이 많은 아쉬움으로 남는다. 언젠가 미국의 두루미재단처럼 한국에도 황새재단이 만들어져 북한 황새들의 옛 번식지를 복원하는 날이 올 수 있을까? 아직 그 희망의 끈을 놓고 싶지 않다. 황새는 인간과 자연의 공존에 관해 나에게 늘 질문을 던진다.

장애물에 가로막힌
황새 복원 연구

<u>유언 2017</u>　　예산군 대술면 궐곡리 황새고향마을에는 '황새가 있는 풍경을 꿈꾸다'라는 문장을 새긴 타임캡슐이 묻혀 있다. 이 타임캡슐은 100년 후에 우리 후손들이 열어 볼 수 있다.

<u>겨울 산야 위 비행 2019</u>　　하루에 수백 킬로를 비행하는 황새는 겨울철 러시아에서 우리나라 백두대간 상공을 타고 한반도까지 날아온다. 우리만 모를 뿐, 황새는 수천 년을 이렇게 살아왔다.

<u>논과 밭 2016</u>   계단논은 황새에게 최적의 서식지이자 보금자리다. 그러나 지금 이런 논과 밭이 많이 사라졌다. 상황이 이렇다 보니 황새는 한국전쟁을 겪으면서 멸종으로 치닫게 되었다.

<u>인가 2017</u>   인가가 있는 농촌이 황새가 번식하는 곳이다. 황새는 해마다 봄이 오면 지난해에 썼던 둥지를 다시 찾는다. 그리고 8월 말이면 새끼들을 데리고 이 마을을 떠난다. 이듬해 봄이 되면 황새 어미는 다시 이 마을을 찾는다.

장애물에 가로막힌
황새 복원 연구

<u>황새를 기다리는 사람들</u> 2021   하늘을 쳐다보며 황새를 기다린다. 예로부터 마을 주민들은 황새가 그 마을에 깃들이면 좋은 일이 생길 거라 믿었다. 그 마을에 귀인이 태어난다는 속설도 있었다.

도심의 부부 2022　황새 복원을 기다렸던 사람은 황새 복원의 기디가 보이지 않아 애달픈 마음 금할 길이 없다. 야생동물이 아닌 반려동물 천국 시대로 바뀐 세상을 보며 슬퍼하고 있다.

장애물에 가로막힌
황새 복원 연구

꽃들의 황새 눈 2022　　꽃도 아름답고, 황새도 아름답다. 자연은 모두 아름답다. 아름다운 자연을 보고 싶고, 황새를 우리 곁으로 다시 소환하고 싶다.

죽기 전에
　　　꼭 하고 싶은
일

　　2022년은 황새 야생 복귀가 시작된 지 7년째 되는 해다. 그 해에 그렇게 고대했던 황새 옛 번식지인 예산군 대술면 궐곡리에 황새 한 쌍이 보금자리를 마련했다. 일제강점기 때부터 황새가 번식했던 그곳에서 황새 부부는 두 마리의 새끼를 낳아 열심히 돌았다. 과거 조선 총독부는 "천연기념물 제 99호 예산 관 번식지 天然記念物 第 九十九號 禮山 鸛繁殖地"라고 비석에 새겼다. 이젠 우리가 이곳을 '황새 자연 유산 보전 지구'로 지정해 보호해 주어야 할 때다.

"충남 예산군 대술면 궐곡리 '황새고향마을'을 아시나요?" 나는 만나는 사람들에게 이렇게 묻곤 했다. 황새 부부가 둥지를 튼 그

장애물에 가로막힌
황새 복원 연구

해, 14미터 높이의 둥지에서 나는 법을 배운 어린 황새 두 마리는 어미 황새와 함께 우리 땅 창공을 향해 벅찬 비행을 시작했을 것이다. 황새들은 내년을 기약하며 먼 여행을 떠난다. 어쩌면 수 개월이 걸릴지도 모른다. 나는 어미가 다음 해 2월에 다시 이 마을에 꼭 찾아와 주었으면 하고 기원했다.

이 마을을 지켜 주면 황새들이 꼭 다시 찾아올 것이라 믿는다. 그러기 위해 이 마을에 황새연구재단이 세워지기를 기원한다. 이것이 내가 죽기 전에 꼭 하고 싶은 일이다. "황새가 자연에서 알을 낳았어요!" 이렇게 축하해 주는 사람이 없었지만, 다음 세대에는 그걸 축하해 줄 사람들이 있기를 소망해 본다.

예산군 광시면 대리 예산황새공원 마을로부터 슬픈 소식이 들려왔다. 그동안 뿌리지 않았던 농약을 다시 뿌린다고 한다. 그리고 "이 마을에 황새공원을 만들어 놓은 박시룡 교수는 왜 슬그머니 자취를 감추었냐?"라는 말도 들렸다. 나는 이 말을 듣고 밤새 잠을 이룰 수 없었다. "마을 주민들이 행복하지 못하면 황새가 번식한들 무슨 소용이 있나!" 나는 황새 복원을 시작하면서 황새가 사는 마을 사람들이 대한민국에서 가장 행복해지기를 소망했다.

농약을 뿌리지 않고 농사지어도 제값을 받을 수 없고, 힘만 든다고 한다. 게다가 소출도 줄었으니 주민들이 날 원망하는 것은 당

황새 미인도 2021   미인의 눈과 황새의 눈이 마주친다. 황새는 국회의사당 상공에서 정치가를 부른다. 한반도 서식지는 황새가 살아남기 너무 힘든 땅이라면서.

장애물에 가로막힌
황새 복원 연구

<u>인왕산 황새 둥지</u> 2022　예산군에서 방사한 황새 한 마리가 서울 도심을 가로질러 활공을 하는 모습이 포착되었다. 그 황새는 먼 조상이 서울에서 둥지 틀고 살았던 시절을 회상하며 북녘 하늘을 향해 유유히 날고 있었다.

연하다. 나는 황새 복원 전문가가 예산황새공원 원장이 되어 일할 수 있는 제도를 만들어 달라고 예산군수에게 당부하고 싶다. 2015년 예산황새공원이 문을 연 이후, 이 땅의 황새 복원 사업을 진두지휘할 전문가가 없어졌다. 한반도 황새 복원 사업이 잘못되면 그 피해는 고스란히 주민들에게 돌아간다는 사실을 알았으면 좋겠다. 늦긴 했지만 기회가 오면 다시 시작해야겠다는 다짐을 해 본다.

사람이 태어나 성장한 후에 부모로부터 떠나듯이 황새 부부의 새끼들도 곧 남쪽을 향해 날아갈 것이다. 내년에 어미들이 다시 돌아오길 소망해 본다. 하지만 현실에서 이 황새들은 행복할 수 없다. 농약으로 찌든 땅에서 먹이사냥을 해야 하고, 감전 위험에 노출된 전신주를 횃대 삼아 살아가야 하기 때문이다. 다시 돌아온다면 이 황새를 지켜 줄 수 있는 사람은 주민들뿐이다.

안타깝게도 우리나라는 이 주민들이 황새를 위해 농사짓고 살 수 있도록 법적 제도를 마련해 놓지 않았다. 황새는 한 쌍이 2.6킬로미터 반경에서 살아가는 새다. 한 쌍이 새끼를 낳고 살아가는 서식지가 대략 여의도 면적 정도가 된다. 그리고 그 땅은 모두 개인 소유의 농경지다. 적어도 국가가 황새 둥지 2.6킬로미터 반경의 주민들에게 한 가구당 연 200만원 상당의 '서식지 관리비'를 지불

장애물에 가로막힌
황새 복원 연구

해야 한다고 나는 생각한다. 이 돈은 결코 많은 금액이 아니다. 친환경 농사를 지었을 때 소출 감소를 보상해 주어야 하는 최소한의 액수다.

내가 만일 다시 황새 복원 연구사업에 나설 수 있다면 이 제도를 만드는 데 온 힘을 쏟아 보려 한다. 세금을 내는 국민을 설득해야 하기에 쉽지만은 않다. 그렇다고 마냥 손 놓고 기다릴 수만은 없는 노릇. 황새가 예산군 땅에서 오랫동안 번식하고 살아가려면 한반도 황새 복원의 첫 숙제를 풀어 가야 한다. 그것이 내게 주어진 숙명이다.

나는 황새 복원 계획을 세울 때, 이 마을만은 지속 가능한 황새 번식지로 만들려 했다. 그래서 온 힘을 다해 옛 황새 번식지를 지켜 내려 했다. 황새가 이 마을에서 1000년 동안 번식하고 살았으면 좋겠다. 나는 지금까지 2000여 점의 그림을 그렸는데, 이를 위해 죽기 전까지 그림을 더 그리려 한다. 누군가 남겨진 이 그림을 보고 재단을 만들어 내가 못다 이룬 이 나라 황새 복원의 꿈이 실현되길 희망한다.

지구의 생태2022   기후변화 때문에 지구의 생태계가 망가지고 있다. 생태계 우산종인 황새는 안전한 서식지를 찾기 위해 안간힘을 쓰며 비행하고 있다.

장애물에 가로막힌

황새 복원 연구

우산종 황새2021　한국의 생물 다양성과 생물권 보전을 우해 홍새 복원 운동이 일어나야 한다. 언젠가 우리나라에도 꼭 황새와 황새 서식지를 연구하는 황새재단이 건립되기를 희망한다.

저수지 습지2016　저수지와 강가 가장자리는 황새들의 주요 먹이터다. 황새들을 위한 작은 배려가 필요한 때다.

장애물에 가로막힌
황새 복원 연구

4
황새가 살 수 없는 세상 우리도 살 수 없습니다

황새는

왜 사라졌는가

우리나라에서 텃새로 살았던 황새가 사라진 지 어언 50년이 다 되고 있다. 황새가 사라진 주요 원인은 농약 때문에 습지와 논에 물고기 등 황새의 먹을거리가 사라져 황새가 먹이활동을 할 수 없게 되었기 때문이다. 하지만 황새와 서식지가 같고 먹이 습성도 비슷한 백로나 왜가리는 지금도 개체 수가 크게 줄지 않고 여전히 우리 곁에서 살아가고 있다. 왜 그런 것일까?

10여 년 전에 이 질문에 대한 해답 얻기 위한 실험을 진행한 적이 있다. 충북 청원군 미원면 화원리 약 6000제곱미터에 펜스를 치고 황새 두 마리를 풀었다. 백로, 왜가리, 황새가 먹이활동을 하는 모습을 볼 수 있었다. 황새는 사실 사냥 실력이 형편없다. 큰 부리로 이곳저곳 찔러 보지만 먹이를 낚을 확률이 백로나 왜가리에 비해 떨어진다. 백로와 왜가리는 황새가 먹이 잡는 모습을 지켜보다 황새가 판을 벌여 놓은 곳에서 사냥하거나 혼자서도 재빠르게 먹이를 낚아채고 있었다.

황새는 백르처럼 사냥하지 못한다. 황새의 사냥법은 먹이가 많을 때에만 쓸므가 있는 것이다. 그래서 덕이가 줄어들거나 없어지면 먹이 찾을 확률이 떨어져 생존하기 어려워진다. 예전에 우리 논에는 황새의 먹을거리가 지천에 깔려 있었다. 여기저기 그냥 찌르기만 해도 쉽게 먹이가 걸려들었다. 그러나 해충을 없애기 위해 농약을 뿌리면서 먹이가 차츰 사라지기 시작했다. 먹이가 줄어들자 사냥 실력이 형편없는 종들은 경쟁에서 밀려날 수밖에 없었다. 먹이가 사라진 지 불과 5~60년박에 지나지 않아 벌어진 일이다. 이 시간은 인간의 눈에는 긴 시간일지 모르겠지만 황새들이 사냥 실력을 갖출 수 있게 진화하기어는 너무 짧은 기간이다. 황새 한 마리가 하루에 소비하는 먹이 양은 10그램짜리 미꾸라지 30마리 정드다. 그렇다면 방형구 quadrat, 일반적으로 사각형 틀을 의미하며, 방형구를 이용해 특정 지역의 식물 혹은 동물 군집이나 생물상을 조사한다 30개에 미꾸라지가 평균 한 마리씩은 들어 있어야 하는데 지금 우리 자연에서는 이러한 조건을 찾기가 어렵다.

황새가 살 수 없는 세상
우리도 살 수 없습니다

논 습지의 황새 둥지 2021   논이 없어지면 황새도 없어진다. 우리나라 사람들이 벼를 경작하기 시작하면서부터 황새는 러시아와 중국에서 내려와 한반도에서 번식하며 자리 잡았다. 그러나 쌀 소비가 줄어들면서 쌀 농사를 접는 사람들이 많이 생기고 있다. 서식지를 잃은 황새들은 어디로 가야 할까.

한옥 집 습지 2021   옛날에는 습지가 있는 곳이면 황새가 찾아왔다. 습지 가장자리는 생물 다양성이 매우 풍부하다. 수초가 어우러진 습지 가장자리는 물고기들의 안식처가 되며, 이 물고기를 잡기 위해 어김없이 황새들이 습지를 찾는다.

황새가 살 수 없는 세상
우리도 살 수 없습니다

저수지 옆 황새 둥지2021 저수지도 우리나라 황새의 먹이터 중에 하나다. 저수지를 보호하고 저수지 가장자리에 황새가 먹이를 구할 서식지를 마련할 필요가 있다. 황새의 서식지가 되려면 수심이 약 30센티미터 정도 되게 유지해야 한다. 다리가 잠기는 곳에서는 황새가 먹이 사냥을 하기 어렵기 때문이다.

'황새법'이
　　　　필요한
이유

　　　　　　우산종인 황새를 살리는 일은 우리 생태계에 대변혁
을 가져올 수 있는 일이다. 앞서 우리의 환경이, 특히 황새의 밥상
이 되어 줄 논 생태가 망가졌기 때문에 황새가 사라졌다는 말을
했다. 황새를 먹여 살리려면 농약과 화학비료 사용을 자제해야
하며, 지난날 논에 있던 둠벙생태용어로는 다양한 생물 종의 공동 서식 장소를
의미하는 비오톱biotope이라 한다이 다시 살아나야 한다. 하천과 논을 이
어 주는 생태수로도 복원해야 한다. 말은 쉽지만 이런 일은 절대
쉽지 않다. 당연히 엄청난 돈이 든다. 하지만 그렇게 해서 생태계
가 복원된다면 그 가치는 투입된 비용을 훨씬 능가할 것이다. 농
약과 화학비료가 줄어든 논과 밭에서 자란 농작물은 안심하고

먹을 수 있다는 사실만으로도 가치가 있지 않을까.

농경지만 살아나는 것이 아니다. 건강한 농경지는 건강한 강과 바다를 만든다. 해마다 여름이면 반복되는 부영양화 문제를 들어본 적이 있을 것이다. 부영양화는 생활하수나 가축 분뇨, 비료 과다 사용 등의 이유로 질소와 인 같은 영양염류가 풍부해진 것을 의미한다. 이런 곳에서는 식물 플랑크톤·녹조이 과다하게 증식해 물색이 변하고 악취가 나기도 한다. 또 식물 플랑크톤이 증가하면 햇빛을 차단해 해조류 같은 수성식물이 죽게 되고, 녹조의 과다 발생은 물의 산소 부족을 일으켜 강과 바다에 사는 생물들을 질식시킨다.

황새를 살리는 일은 캠페인만으로는 불가능하다. 사람들에게 중요성과 가치, 위험을 알리는 캠페인도 물론 해야 하지만 무엇보다 관련 법 제정이 시급하다. 나는 앞에서 그 법을 '황새법'이라 불렀다. 원래 황새stork는 그리스어로 스토르게storge라 하는데, '강한 혈육의 정'을 의미한다. 고대 로마에는 이미 '황새법'이 있었다. 황새가 멸종해서 이런 이름이 된 것이 아니라 당시의 '황새법'은 자녀가 나이 든 부모를 의무적으로 보살피도록 하는 법이었다. 일종의 효도법인 셈이다. 그럼 황새가 효도하는 새라서 이런 이름이 붙었을까?

황새가 살 수 없는 세상
우리도 살 수 없습니다

황새법2022 고대 로마에는 '황새법'이 있었다. 지금과 같이 황새를 보호하려고 만든 법이 아니라, 일종의 '효도법'이었다. 현대에 와서는 '농경지생태관리기본법'을 '황새법'이라 부른다. 나는 국회의사당 앞에서 '황새법' 제정을 염원하며 1인 시위를 했다.

농경지생태관리기본법2022   사유재산인 농경지에서 황새를 살기 하려면 국가가 농민들에게 그에 상응하는 보상을 해 주어야 한다. 국가는 '농경지생태관리기본법'을 만들어 농약을 치지 않아 생기는 농민의 소출 감소를 해결해야 한다.

황새가 살 수 없는 세상
우리도 살 수 없습니다

아마 고대 로마인들은 다 자란 새끼 황새가 둥지에서 내려와 부모와 함께 지내는 것을 자주 보았을 터였다. 한여름에는 새끼를 기르기 위해 고생한 부모 황새가 가끔 기진맥진한 상태로 발견되곤 했다. 인간이나 동물 세계에서 새끼들을 보살피느라 수척해진 부모의 모습은 지금도 어렵지 않게 볼 수 있다. 어쩌다 쓰러진 부모 새 곁에서 한동안 자리를 뜨지 못하는 새끼를 보고 고대 로마인들은 황새를 효도하는 새로 여겼던 것은 아닐까?

우리가 말하는 '황새법'은 효도법이 아니라 '농경지생태관리기본법'이다. 현재 우리에게는 쌀 재배농가의 소득을 일정 수준으로 보장하기 위해 지급하는 보조금 제도인 쌀직불제가 있다. '황새법'은 이와 비슷하게 자기 논에 다양한 생물들이 살게 해 주면 쌀직불제에 해당하는 기본금은 물론 생물 다양성을 높여 주는 대가로 더 많은 지원금을 주는 제도다. 선진국에서는 이미 농촌을 생물들이 사는 주요 서식지로 인식하고 이런 제도를 운영하고 있다. 농민들을 농산물 생산자로만 보지 않고 생태관리자로 인정해 그에 맞는 대가를 지불하고 있는 셈이다.

지금 우리의 현실에서도 '황새법', 즉 '농경지생태관리기본법' 제정이 꼭 필요하다. 농민들 스스로 농약을 안 뿌리면 좋으련만, 현실적으로 농약 살포를 자제해 달라고 요구하기란 쉽지 않다. 그래서 '황새법'이 제정되어야만 한다. 농약을 뿌리지 않고 농사짓는 농가에게 줄어든 소출 만큼 제도적으로 보상을 해 주어야 한다. 코로나19로 소상공인들에게 재난지원금을 지급해 주었듯이, 황새를 개인이 농사짓고 있는 땅에서 살아가게 하려면 땅을 경작하고 소유하고 있는 사람들에게 보상해야 한다. 유럽 선진국에서는 멸종 위기 종의 재도입을 영주권 개념으로 보고, 국가가 재도입하려는 종에 영주권을 부여하면서 그 지역의 농민과 땅 소유주에게 보상을 해 주는 제도가 이미 시행되고 있다.

물론 이 법이 만들어지면 국민 세금이 들어간다. 그렇지만 궁극적으로 국민 건강을 생각하면 '황새법'이 제정되어 지출될 국민 세금보다 훨씬 더 이익이 클 것이다. 무엇보다 발암물질인 농약이 일으킬 수 있는 암 발생을 줄일 수도 있고, 환경호르몬 교란을 막아 청소년들의 생식 세포정자 수 감소도 막을 수 있으며, 어린아이들의 아토피도 줄일 수 있다.

황새가 살 수 없는 세상
우리도 살 수 없습니다

<u>허수아비 2016</u>　논은 황새들의 주 먹이원이었다. 가을이면 메뚜기와 풀벌레를 잡기 위해 황새들이 논두렁에도 나타났다.

<u>논 위의 활공 2021</u>　황새는 100미터 상공에서도 개구리 한 마리를 찾아낼 수 있을 정도로 매우 시력이 발달했다.

한반도 황새 복원의
성공을 위하여

내가 교원대에서 황새 복원을 시작한 지 거의 30년이 다 되어 간다. 하지만 황새를 증식시키고 자연에 방사한 것 빼고는 우리 자연은 전혀 달라진 게 없다. 나는 황새 때문에 한반도 농경지가 농약 없이도 비옥한 땅으로 변화되길 바랐다. 황새의 먹이 생물들이 농토를 비옥하게 만들 수 있다고 믿었다. 그리고 황새가 사는 곳은 다른 지역의 주민보다 더 소득이 높아지기를 원했다. 황새가 산다는 그 자체로 청정지역으로 인정받을 수 있기 때문이다. 그러나 모두가 나의 희망일 뿐 현실은 그렇지 못했다. 내가 떠난 곳에서 이 생각을 이어 갈 사람들이 보이지 않는다. 황새 복원을 한다는 사람들조차도 지금은 잠시 자리에 앉았다가는 몇몇 행정가뿐이다.

황새를 러시아로부터 도입하고 10년 동안 한반도 땅을 샅샅이 뒤지고 다녔다. 스물한 곳의 옛 번식지를 찾아냈다. 그중에서 나는 덜 오염되어 있는 충청남도 예산군을 한반도 황새 복원지로 낙점했다. 그리고 문화재청의 행정가들을 설득해 2015년 이곳에 예산황새공원을 만들었다. 예산군 광시면 대리 약 10만제곱킬로미터 대지 위에 인공 습지와 사육시설, 그리고 황새문화관을 지었다. 여기에 190억 원의 국고와 지방비가 투입되었다.

이곳에는 복원 연구의 핵심 시설인 지붕이 없고 펜스만 있는 오픈된 황새사육장이 마련되어 있다. 지붕이 없기 때문에 황새의 한쪽 날개깃 가장자리를 잘라, 황새가 펜스 밖으로 날아갈 수 없도록 만든 시설이다. 이 시설을 만들기까지 나는 이미 교원대에서 지붕이 없는 사육시설을 운영하면서 검증을 마쳤다. 그런데 예산군에서는 날개깃을 자르면 황새가 불구로 살아가야 하는 것이 아니냐고 했다. 그런 민원이 들어와서였을까! 결국 지난번 군수는 나에게 한마디 상의도 없이 오픈 사육장 지붕을 그물로 씌워 버렸다.

날개깃 가장자리 제거는 사람의 머리카락을 자르는 것과 같다. 계속 자라기 때문에 1년에 한두 번씩 잘라 주어야 한다. 그 오픈

황새가 살 수 없는 세상
우리도 살 수 없습니다

사육장은 짝을 지은 황새들이 다시 날개가 자라 언제든지 야생으로 돌아갈 수 있도록 배려한 연구 목적의 공간이기도 하다. 이 시설이 중요한 이유는 야생 방사한 황새들이 경우에 따라서는 이 시설로 다시 찾아와 사육사가 공급해 주는 먹이도 먹을 수 있기 때문이다.

공원 주변의 논 생태계가 너무 열악하다는 사실을 나는 알고 있었다. 오랫동안 쌀을 생산하기 위해 농사지은 땅이기 때문에 하루아침에 황새가 살 수 있는 논 생태계가 회복될 수는 없다. 어찌 보면 야생 방사한 황새들의 입장에서 보면 예산황새공원이 너무 야박하게 느껴진다. 과연 예산황새공원이 우리나라 황새 복원의 메카의 구실을 제대로 할 수 있을까? 나는 그런 의문이 든다.

설립한 지 수 년이 흘렀지만 어느 시골 동네에 만든 미니 동물원처럼 변해 버린 예산황새공원에 안타까움을 금할 수 없다. 서식지·번식지를 복원한다고 외치면서 복원은 온데간데없고 황새들만 우왕좌왕하고 있다. 건축물 공사를 하면서 벽면에 타일을 붙였는데 그 타일이 자꾸만 떨어져 나가고 있는 것과 비슷한 상황이다. 황새 복원 사업이 애초에 부실공사가 아니었는지 되짚어 볼 필요가 있다.

서식지·번식지 재도입reintroduction은 적극적 재도입과 포괄적 재도입소극적 재도입으로 구분할 수 있다. 적극적 재도입이 황새를 재도입방사하기 전 서식지를 복원시키는 방법이라면, 포괄적 재도입은 종 재도입 후 서식지를 복원시키는 방법이다. 물론 두 방법은 각각 장단점이 있다. 전자는 시간이 많이 걸린다는 단점은 있지만 종 복원 성공 확률이 높고, 후자는 그와 정반대다.

우리나라는 포괄적 재도입 방식을 채택해 방사를 했다. 이웃 일본처럼 적극적 재도입을 채택했다면 아마 지금보다 30년 뒤에나 자연 방사를 했어야 했다. 우리는 너무 성급하게 황새를 방사하고, 낭만적인 꿈을 꾸고 있다. "황새가 알아서 잘 살아가겠지!" 우리는 방사한 황새들이 어떻게 살아갈 것인지 제대로 관심조차 갖지 않는다.

황새 인공 증식 성공이 일본보다 10년 정도 늦어, 우리는 일본의 황새 자연 복귀 시점인 2005년보다 그만큼 늦게, 2015년이면 되겠지, 라고 생각했다. 모두 나의 오판이었다. 서식지 복원이 전혀 이루어지지 않고 있는 우리나라 현실에서는 방사한 황새들만 고통스럽게 우왕좌왕하고 있다. 서식지 복원의 주체는 황새가 번식하며 살아가고 있는 농촌 지역의 주민들이다. 그 지역 주민들은 지금도 황새를 살리는 일을 자신들의 몫으로 여기지 않고 있다. 여전히 황새가 번식할 농촌 마을에 농약이 뿌려지고 있기 때문

황새가 살 수 없는 세상
우리도 살 수 없습니다

분홍빛 하늘2022   우리 농촌에는 성급하게 방사된 황새들이 살아갈 곳이 없다. 황새를 날려보내는 일 뿐만 아니라, 그 황새가 어떻게 살아갈 수 있는지에도 관심을 가져야 한다.

이다. 생태적으로 빈약해진 우리 농촌에서는 방사된 황새들이 발 붙일 곳이 없다. 이런 사실을 생각하면 억장이 무너질 것만 같은 자괴감을 느낀다. 그래도 자연으로 돌아간 황새들은 분홍빛 하늘을 바라보면서 꿈을 접지 못하고 있다.

지금처럼 우리나라 논에 제초제를 뿌려서는 안 된다. 제초제는 황새가 먹는 생물마저도 절멸시킬 뿐만 아니라, 벼에 오염 자국을 남겨 우리 몸속으로 들어온다. 국회에 '농경지생태관리기본법' 제정 청원을 올렸다. 실제로 이 제도가 입법·발의로 이어지려면 몇 개의 산을 넘어야 했다. 당장 30일 내로 5만 명의 동의를 구해야 했는데, 5만 명은 나에게 너무 큰 산이었다.

국회 앞에서 '황새법'의 필요성을 외치기도 했다. 2022년 가을에는 국회의사당 앞에서 1인 시위를 했다. 1인 시위를 지켜본 사람들은 날 환경운동가라 부른다. 하지만 나는 그저 인간의 편에서 인간에게 초점을 맞추어 종 복원 사업을 진행한 학자일 뿐이다. 멸종 위기 종인 황새를 살리면 농촌 마을 사람들도 잘 살 수 있을 뿐만 아니라 우리 삶의 질이 나아질 것이라는 희망을 가지고 있기 때문이다.

나는 황새 번식지 예산군 대술면 궐곡리 땅에 산업폐기물 매립지

황새가 살 수 없는 세상
우리도 살 수 없습니다

가 들어선다고 했을 때도 청와대 앞에서 1인 시위를 했다. "대통령에게 말합니다. 황새 번식지를 복원하자는 땅에 산업폐기물 매립지를 짓는 나라가 나라입니까?" 주민들도 예산군 대술면 궐곡리 옛 황새 번식지에 산업폐기물을 매립한다는 계획에 반대하는 투쟁에 동참했다. 산업폐기물 매립업자와 지루한 법적 싸움이 이어졌다. 결국 법원은 주민들의 손을 들어주었다. 거의 10년 동안 찬성 주민매립 예정지의 땅을 판 주민과 반대 주민 간의 갈등의 골만 깊게 패고 말았다.

매립지의 침출물은 황새 번식지를 오염시킬 수 있다. 나는 가축 분뇨가 번식지를 오염시키는 것도 참을 수가 없다. 골프장의 농약 사용도 황새의 서식지를 오염시키는 행위다. 황새들은 사람이 살고 있는 땅에서 함께 살고 싶은데, 주민들은 제초제를 뿌리지 않으면 인력이 많이 필요해 어찌해야 하냐며 하소연한다. 그래서 나는 농민들이 무농약으로 농사지을 수 있도록 제도를 만들어 달라고 늦은 나이에도 불구하고 1인 시위에 나선 것이다.

'황새법'이 황새라는 국가 공공재를 주민 개인이 소유하고 있는 농경지에 복원시키려 할 때 꼭 필요한 법이라는 사실을 알리고 싶다. 우리나라 헌법 제23조 1항에는 "모든 국민의 재산권은 보장된다", 3항에는 "공공 필요에 의한 재산권의 수용·사용 또는 제한 및 그에 대한 보상은 법률로써 정하되, 정당한 보상을 지급하여야 한다"라고 나와 있다. '황새법'은 황새만을 위한 법이 아니다. 우리나라 90퍼센트 이상의 논에 제초제가 뿌려지고 있는 현실에서, 잔류농약은 결국 모두 우리 몸속으로 들어와, 우리와 우리 아이들의 몸을 상하게 한다. 황새들 역시 옛날처럼 농약이 없는 논으로 돌아갈 수 있는 날을 기다리고 있을 것이다. 농약에 오염된 농산물을 매일 먹을 수밖에 없는 우리에게도 '농경지생태관리기본법' 마련이 절실하다. 우리 국회는 이 법에 관한 토론조차 이루어지지 않고 있다.

황새가 살 수 없는 세상
우리도 살 수 없습니다

<u>여의도 습지2022</u> 황새들이 여의도 습지에서 시위를 하고 있다. 자신들을 보호해 줄 법인 '농경지생태관리기본법'을 만들어 달라고. 물론 여의도에는 습지도 없고, 시위하는 황새도 없다. 한국에서 황새 복원을 처음 시작한 나는 황새들의 마음을 대변하는 기분으로 그들을 대신해 시위를 했다.

<u>국회 청원2022</u>　'농경지생태관리기본법' 제정 청원을 했지만, 결국 5만 명의 동의를 구하지 못해 실패하고 말았다.

<u>국회 앞 사람들2022</u>　우리나라는 죽은 땅을 살리려는 정치가가 하나도 없다.

황새가 살 수 없는 세상
우리도 살 수 없습니다

점점 황새들의
　　　　무덤이 되고 있는
땅

　　　　　　황새는 날개를 활짝 펴면 길이가 무려 2미터에 달한다. 두루미도 이렇게 큰 날개를 지녔지만, 나무 같은 횃대에 올라가는 법이 없다. 그러나 황새는 무려 15미터 높이에 달하는 나무를 횃대 삼아 자주 휴식을 취하며 살아간다. 요즘 우리나라에서 황새들이 쉴 만한 나무들을 찾기란 쉬운 일이 아니다. 할 수 없이 황새들은 전신주나 송전탑을 이용할 수밖에 없다.
그런데 이런 경우 문제가 있다. 방사된 많은 황새가 이 전신주 감전으로 사라졌다. 이미 나는 2015년 방사한 열 마리 가운데 두 마리가 그 이듬해 전신주 감전사로 죽은 것을 목격했다. 날개가 시꺼멓게 타버린 채 땅바닥에서 발견되었다. 어떻게 이런 일이

아이들의 반려동물2022 황새를 살리면 농약을 뿌리지 않는 농산물을 먹을 수 있고, 우리 몸도 건강해질 수 있다. 하지만 황새는 반려동물보다도 대접을 받지 못하고 있다.

황새가 살 수 없는 세상
우리도 살 수 없습니다

발생할까?

우리나라 전신주 선로 두 선의 간격은 불과 40센티미터 정도밖에 안 된다. 2미터 길이의 큰 날개를 지닌 황새들에게는 너무 치명적이다. 원래 전신주의 선로에 한 선만 닿으면 감전되지 않는다. 그래서 우리가 전깃줄에 올라가 있는 참새나 제비를 많이 볼 수 있는 것이다.

유럽과 같은 선진국에서는 이미 이렇게 큰 새를 위해 안전 설비를 해 왔다. 두 선의 간격을 넓히거나 전선을 고정시키는 애자사기로 된 절연체를 하단으로 설치한다. 일본 토요오카시豊岡市의 황새마을은 2005년 황새 야생 복귀 시작 이전부터 전신주 지중화 사업을 해 오고 있다.

황새가 감전사로 죽은 뒤 나는 한전에 알아보았다. 우리나라에서 가까운 장래에 그런 설비로 대치하는 건 불가능하다고 한다. 그러니 돈이 많이 들어가는 전신주 지중화는 꿈도 꿀 수 없다. 지금도 자연으로 돌아간 황새들이 제 수명을 다 살지 못하고 감전사로 죽어 가고 있다. 긴 날개를 가진 황새는 결국 비운의 운명을 타고 난 태어난 새가 되고 말았다.

황새가 죽어 가는 이유는 감전사뿐만이 아니다. 지금 우리 농촌에는 비닐하우스 등 비닐 재질의 자재를 너무 많이 사용한다. 그리고 황새가 자주 찾는 낚시터는 버려진 낚싯줄 때문에 황새의 지뢰밭으로 변했다. 나는 방사한 황새들이 농촌에서 버려진 비닐 끈 때문에 다리가 감겨 빠져나오지 못하고 굶어 죽거나, 낚싯줄 때문에 한쪽 다리가 잘려 나가 외발로 돌아다니는 모습을 여러 번 발견했다.

꿈에서 검정 복주머니와 그 주머니에 매달린 하얀 태그를 보았다. 검은색이 마음에 걸렸다. 혹시 우리 땅이 황새들의 무덤이라는 걸 상징하는 것은 아닐까, 하는 생각이 들었기 때문이다. 그림을 그리며 난 대한민국의 상징인 남산 아래를 칠흑과 같이 어둡게 칠했다. 황새를 자연에 내보내 제 수명대로 살지 못하게 할 바에야 황새를 반려동물처럼 우리에 갇혀 지내게 하는 것이 더 낫지 않을까? 황새는 우리 땅에 복을 주러 왔지만 이미 우리 땅은 무덤으로 변했다. 이 현실을 황새에게 어찌 설명해야 할지 모르겠다. 다시 황새가 한반도 야생에서 살 수 있는 날이 올까?

황새가 살 수 없는 세상
우리도 살 수 없습니다

<u>황새들의 무덤2022</u>　지금 우리 땅은 황새들의 무덤이다. 전신주 사고로 너무 많이 죽는다. 전신주 사고로 황새를 보호하기 위한 조치는 엄청난 돈이 들어가 엄두를 내지 못하고 있다.

<u>현재와 과거의 공존2021</u>   노란색 대문을 사이에 두고 현재와 과거가 분리되었다. 과거에는 황새가 사람들을 위해 살았다면 이제는 우리가 황새를 위해 삶을 변화시켜야 할 때다.

황새가 살 수 없는 세상
우리도 살 수 없습니다

종 복원에 성공한
여러 나라의
사례

황새 재도입을 계획하면서 유럽의 여러 황새마을을 둘러본 적이 있다. 낙농국가인 덴마크는 북유럽에서 제법 잘 사는 나라가 되기까지 농경지의 생물 다양성을 많이 희생시킬 수밖에 없었다. 덴마크는 200년 전만 해도 황새가 1만 쌍 정도 번식하며 살았으나 지금은 겨우 두 쌍이다. 그것도 한 쌍은 스웨덴 학자의 재도입으로 서식한다. 독일 조류학자들은 덴마크에서 황새가 사라진 원인을 농경지에 가축 축사를 지었기 때문이라고 본다. 농경지 가축 축사에서 배출된 분뇨가 황새들의 서식지를 모두 파괴했기 때문이다. 반면 독일에서는 현재 황새 6000여 쌍이 번식하고 있다. 황새 재도입 사업을 지켜보면서 일본이 지금의 독일과 비슷하고 우리나라는 덴마크와 비슷하다고 생각했다. 일본은 황새 야생 복귀에 앞서 독일의 생터 복원 제도와 기술을 받아들여 실행하고 있다. 우리나라는 농약과 분뇨 처리에 아직도 문제가 있다. 우리나라는 여전히 산지 개발이 서식지 보호보다 우선한다.

2005년 9월 24일 일본 토요오카시에서 황새 방조식放鳥式이 있었다. 첫 번째 황새를 자연으로 날려 보낸 사람은 일왕의 둘째 아들 아키시노노기야秋篠宮와 그의 아내 기코紀子였다. 동료 일본인 교수에게 왜 일왕이 아니고 왕세자 부부가 왔는지 물었다. 그는 일본에서는 일왕보다 둘째 왕세자 부부의 인기가 더 높다고 말해 주었다. 토요일 오후 2시였다. 왕세자 부부가 문을 열고 첫 번째 황새를 날려 보내자, 이를 지켜보고 있던 5000여 명의 시민들이 환호했다. 일본의 주요 일간지들은 일제히 호외판을 발간했다. "황새! 50년 만에 자연 귀환" 왕세자의 아내 기코 씨는 이 황새 방조식이 끝나자 곧바로 임신했다. 일본 신문은 대서특필했다. "황새가 아이를 물어다 주었다!" 그 아이는 지금 일 왕위 계승자가 되었다. 이 이야기를 들으며 나는 우리도 일본처럼 황새가 복원되기를 염원했다.

이 일이 있고 만 10년이 지난 2015년에 한국에서도 황새 야생 복

황새가 살 수 없는 세상
우리도 살 수 없습니다

귀식이 있었다. 나는 일본보다 10년이 늦었지만 방사한 황새들이 우리 땅에서 잘 살아 주기를 간절히 빌었다. 나는 방사한 열 마리의 황새 다리에 '대황, 한황, 민황, 국황, 만황, 세황, 예황, 산황, 천황, 연황'이라고 각각 이름표를 달아 주었다. 황새야생복귀식을 한 지 7년이 지난 2022년, 야생 복귀 1호였던 대황이가 농약 중독 사고로 결국 여덟 번째로 죽고 말았다. 그것도 새끼를 낳아 기르다 아내와 새끼 네 마리만 남겨 둔 채 저세상으로 떠났다.

아직 생존해 있는 만황이와 세황이도 언제 죽을지 모르겠다. 그저 제 수명25~30년만큼 살아 주었으면 하는 바람이다. 우리의 자연이 황새들을 품어 주기에는 너무 환경이 열악하다는 현실이 늘 마음에 걸렸다. 나는 일본 열도가 황새 한 종 때문에 왜 이렇게 요란스럽게 호들갑을 떨었는지 이제는 알 것 같다.

황새는 농약을 뿌리지 않는 곳에서 살아간다. 제초제를 뿌리지 않으면 황새들이 좋아하는 먹이 생물들이 많이 생겨난다. 일본은 우리나라보다 단위 면적당 농약 사용량을 세 배나 적게 쓰는 나라다. 그렇다 보니, 일본의 황새들은 우리 황새보다 더 오래 살 수밖에 없다. 실제로 우리나라에 방사한 황새들의 자연 수명이 10년이라 치면, 일본은 거의 30년 가까이 살고 있다. 그동안 제초제 사용을 자제해 왔던 예산군 황새마을 주민들도 먹고살기 힘들어 제초지를 다시 사용할 것이라는 소문이 들려온다. 너무 안타깝다. 일본의 황새 복원 성공에 경의를 표한다. '한국 황새들은 일본 황새들을 보고 얼마나 부러워하고 있을까!' 문득 이런 생각이 든다. 국왕이 나서서 사람들을 황새에 '미치게' 만들어야 가능한 일임을 이제야 깨닫는다. '일본, 너는 다 계획이 있었구나!'

토요오카시 효고황새고향공원 원장이자 일본 조류학계의 원로인 사도시 야마기시 교수는 황새가 사육 상태에서 수십 년을 살고 야생에 복귀했을 때, 그렇게 처음 자연으로 돌아갔을 때, 과연 스스로 적응하며 살아갈 수 있을지, 처음에는 강한 의구심을 품었다. 하지만 성공했다. 일본이 얼마나 황새의 눈높이에 맞추어 복원 사업을 하고 있는지 알 수 있는 대목이다.

예산군 땅에 처음 황새 야생 복귀를 결정했을 때, 그 당시 군수는 공무원들에게 황새의 눈높이 맞추어 이 사업을 해 달라고 신신당부했었다. 그 후 2년 정도 시간이 지나 군수가 바뀌자 그 말은 없던 일이 되고 말았다.

동물들은 사람과 대화할 수 없다. 단지 과학자들이 행동을 연구하여 그들의 생각을 전할 수밖에 없다. 지금 우리에게는 황새의 입장에서 황새의 생각을 전해 줄 수 있는 사람이 하나도 없다. 황새들의 생각을 연구하여 더 이상 멸종의 길로 들어서지 않도록

황새가 살 수 없는 세상
우리도 살 수 없습니다

북한산이 보이는 황새 둥지 2020　황해도 배천군과 평산군에 황새가 많이 살았다는 기록이 있다. 지금 북한에도 황새가 모두 멸종된 것으로 보인다. 그곳에 남한 연구자들이 들어갈 수 없으니, 경기도 파주시 문산에 황새재단을 만들어 북녘땅 황새 서식지 복원을 위한 자연 복귀가 이루어지기를 소망해 본다.

언덕 아래 황새 가족 2020   번식이 끝나 8월이 되면 이 황새 가족은 북녘을 향해 오갈 준비를 마친다. 그 후 6개월 동안 북한 신의주를 거쳐 다시 남하하여 전라남도 신안 앞바다를 지나 중국 양쯔강까지 간다.

황새가 살 수 없는 세상
우리도 살 수 없습니다

<u>산을 넘는 황새</u>2021　황새는 산맥을 넘고 넘는다. 그 고고한 자태를 볼 기회가 이제 우리에게 없을지도 모른다.

<u>황새 등에 오른 아이</u>2021　상상의 나래를 펼친다. 황새가 2미터 넘는 날개를 펼치면 어린아이 하나는 등에 태울 수 있을 텐데. 우리 다음 세대에서라도 꼭 황새 복원이 이루어지기를 희망한다.

황새연구재단이 필요한 이유다. 현대 과학은 동물을 연구할 때 동물의 입장에서 바라보려고 한다. 왜 그럴까? 동물은 말을 할 수 없기 때문이다. 우리는 다만 통찰력이 있는 연구자를 통해 동물의 생각을 알 수 있을 뿐이다. 지금이라도 군수가 밑에서 일하는 공무원들에게 황새의 눈높이에 맞추어 일을 해 줄 것을 당부해 주었으면 좋겠다. 그리고 국민을 생각해 예산황새공원을 황새 전문가에 맡겨 주었으면 한다. 황새복원사업을 한민족의 새, 황새의 눈높이에 맞추어 민족의 천년대계 사업으로 발전시켜 나가기를 바란다.

2011년 이스라엘의 한 방송사는 일본 토요오카시를 'stork madness'라고 표현했다. 이 방송이 나가고 토요오카시는 세계적인 마을이 되었다. 미국 스미소니언박물관이 이 도시를 지구상에서 주민이 살고 있는 곳에 종을 복원시킨 첫 사례로 꼽을 정도로 지금도 세계인의 발길이 끊임없이 이어지고 있다.

나는 토요오카시가 이렇게 유명하게 된 건 두 사람이 있었기에 가능했다고 생각한다. 한 사람은 토요오카시 공무원이었던 사타케 씨다. 사타케 씨는 내가 처음 황새 복원을 시작했을 당시 토요오카시 황새공생과 과장으로 일하고 있었다. 그는 토요오카시 주민들을 황새에 미치게 만든 최초의 인물이라 해도 과언이 아니다. 다른 한 사람은 〈요미우리신문〉 주재 기자인 마츠다 씨다. 그는 지금도 황새가 있는 곳이라면 세계를 누비며 발로 취재를 한다. 우리나라도 여러 번 다녀갔다. 그는 우리처럼 보도자료만 보고 기사를 쓰지 않는다. 우리나라는 이런 사람이 없어서일까? 망가뜨리고 망가뜨려도 누구 하나 지적하는 사람조차 없다. 일본은 토요오카시 시민들뿐만 아니라 자국 인공위성에 '고노도리'황새라는 이름을 붙일 정도로 관심이 높은데, 우리는 너무 초라하다. 아니 비참하다고 하는 말이 더 적합할 것 같다.

2022년 여름, 예산군 군수는 황새들이 서식처이자 안식처로 사용하고 있는 예산황새공원 안에 아이들 물놀이 분수대를 만들었다고 자랑했다. 나는 이 기사를 보고 한참 말을 잇지 못했다. 망가져 가고 있는데도 누구 하나 지적해 주는 사람 없는 참담한 현실과 지금도 마주하고 있다.

황새가 살 수 없는 세상
우리도 살 수 없습니다

우리에게도
　　　생태 복원을 천명할
'지도자'가 필요하다

　　　　　박경리 작가가 살아 있을 때 어느 일간지 인터뷰에서 이런 말을 한 적이 있다. "유기농법으로 농사를 지으면 땅이 해충에 대항할 힘이 생기고, 작물도 대항할 수 있는 힘을 갖추게 되거든. 근데 유기농을 시작하는데 뒷받침이 없으니 농민들이 엄두를 못 내고 있어요. 내가 농사를 지으면서 정치하는 사람들에게 불쑥불쑥 화가 치미는 건 우리의 가장 근본인 땅을 살리려는 정치가가 한 명도 없다는 겁니다. 옛날에도 없었고, 지금도 없어. 그러니 자연히 농민들의 죄의식이 없어지고 수확하기 위해 농약을 쓰는 일이 합리화되어 버리지. 죽은 땅도 땅이지만 정신이 죽은 게 제일 마음 아파요." 농약에 의존해 농사를 짓게 되면 땅심을 만들어 주는 다양한 생물이 사라지고, 그 생물을 먹고 사는 황새도 사라진다. 이런 자명한 진실을 깨닫고 우리 땅을 살리려는 정치가는 여전히 없다.

손바닥에 '王'자가 적힌 사람의 사진을 뉴스에서 본 적이 있다. 혹시나 하는 마음으로 대통령실에 편지를 썼다. 황새 복원 시도가 마지막이라는 생각에 지푸라기라도 잡아 본다는 심정이었다. '농경지생태관리기본법' 제정을 주민들의 손에만 맡겨서는 안 된다는 생각에서였다. "국가는 천연기념물이자 국제적 멸종 위기 1급 보호조인 황새를 보호할 의지가 있는가?" 모두가 지켜야 할 황새 때문에 개인의 재산권이 더 이상 침해받아서는 안 된다는 주민들의 목소리였다. 무지해서일까? 아니면 그 '王'은 백성의 말에 귀 기울이지 않아도 된다고 생각할 정도로 오만한 것일까? 부질없는 일이었기에 마음을 다잡아 보았다.

우리보다 선진국들은 멸종 위기 종과 그 종이 사는 땅의 복원을 위해 국가 지도자가 앞장서고 있다. 그것은 한 나라의 생태계 복원 선언을 의미한다. 미국의 클린턴 대통령과 앞에서 언급한 일본 국왕이 좋은 사례다. 미국은 1782년부터 용맹성과 민주주의 상징으로 흰머리독수리를 백악관 휘장에 사용해 왔다. 하지만 생태계 파괴와 불법 남획 등으로 1963년에 미국에 남아 있는

황새가 살 수 없는 세상
우리도 살 수 없습니다

흰머리독수리가 불과 400여 마리밖에 되지 않았다. 미국 정부는 1973년 멸종위기동식물보호법을 제정하여 흰머리독수리를 비롯해 109종을 멸종 위기 종으로 지정했다. 그 후 서식지 보호와 함께 흰머리독수리를 1만1000마리로 증식시키는 데 성공했다. 클린턴 대통령은 재임 시절 미국의 멸종 위기 종인 흰머리독수리 종 복원을 축하해 주었다.

황새 서식지 복원을 위한 '농경지생태관리기본법' 제정 청원은 5만 명의 국민의 동의를 얻는데 결국 실패했다. 허공에 대고 외쳤던 그 순간들이 떠오른다. 언젠가 하늘로부터 그 소리가 다시 돌아와 한반도의 땅을 딛고 사는 백성들의 귀에 다시 들리기를 바랄 뿐이다.

우리나라가 정부 주도로 새마을운동을 벌이면서 농촌 근대화와 고도 산업화가 이루어지던 시절, 서양은 농약으로 생태계 파괴가 일어나고 있다는 사실을 경고하는 사람들이 나타나기 시작했다. 레이첼 카슨은 1962년 《침묵의 봄》을 써서 1차 세계대전 이후 살충제나 제초제로 유독 물질이 광범위하게 사용되던 당시의 상황을 고발했다. 이 책은 미국에서 생태환경운동 확산의 계기가 되었다.

대통령의 멸종 위기 조류 복원 선포식2001   일찍이 미국의 대통령은 멸종위기동식물보호법 제정을 선포하여 흰머리독수리 종 복원을 축하해 주었다.

황새가 살 수 없는 세상
우리도 살 수 없습니다

수상한 커플 2023　손바닥에 '王'자를 새긴 사람에게 황새를 살려 달라 도움을 청했다. 애초에 그 '王'은 멸종 위기 종 황새와 농촌의 생태계를 지켜 줄 마음이 없었다.

<u>훈민정음 선포 2021</u>　훈민정음을 반포해 한민족에게 한글을 안겨 준 세종대왕처럼 미래의 대통령은 멸종 위기 황새 종 복원을 선포해 '농경지생태관리기본법'이 만들어지게 해 주었으면 좋겠다.

황새가 살 수 없는 세상
우리도 살 수 없습니다

영국에서는 1970년대 '농경지생태관리기본법' 입법 발의로 이어졌다. 농민을 농산물 생산자가 아닌 생태관리자로 승격시키는 획기적인 법이었다. 농민들이 조류학회 회원의 도움을 받아 기본임무표에 자신들의 농경지에 서식하는 조류 이름을 적어 제출하면 일정한 금액을 정부가 지불한다. 멸종 위기 종이 서식하면 고급 임무표에 해당 조류의 이름이 올라가고 가산된 보상금을 받는 제도다. 왜 조류인가? 조류가 생태 지표종특정한 환경 조건을 나타내는 생물. 제한된 환경 조건에서만 생존하는 생물을 파악해 생존 장소의 환경 조건을 추측할 수 있다.이기 때문이다.

일본은 1964년 도쿄올림픽 개최와 함께 세계 경제 대국으로 성장했다. 경제 성장의 그늘에서 환경 파괴가 일어나고 있다는 사실을 자각하고 멸종된 종황새 복원에 나서기 시작했다. 이웃 일본 효고현 토요오카시의 황새 복원이 생각난다. 아베 총리의 부인 아키에 여사는 토요오카시를 직접 찾아왔다. 그녀는 황새를 살리기 위해 농약을 쓰지 않고 농사짓는 농민들에게 경의를 표했다. 일본의 경우 농약 없이 농사짓는 것이 국가 과제였다. 일본은 농약 사용을 줄여 황새와 공존하는 환경을 선택하고 있다.

2005년 미국의 예일대학교와 컬럼비아대학교가 발표한 환경지속성지수ESI에 따르면 한국의 농약 사용량은 1헥타르당 12.8킬로그램2021년 능림축산식품부 농기자재정책팀, 한국작물보호협회, 한국비료협회 통계 자료에 의하면 1헥타르당 농약 사용량은 11.8킬로그램으로 캐나다의 21.3배, 뉴질랜드의 12.8배, 미국의 5.5배, 일본의 3배에 이른다고 한다. 지금도 잔류 농약 때문에 문제가 된다는 뉴스가 들려오곤 하지만 사실 이 수치는 우리가 별로 일상 속에서 실감하기 어렵다. 일본은 우리보다 과거와 현재를 비교하여 70퍼센트 정도 농약 사용을 줄였다. 유럽과 미국은 우리보다 80퍼센트, 캐나다와 뉴질랜드는 95퍼센트 이상 거의 농약을 뿌리지 않는 국가다.

내가 황새 복원을 처음 시작할 2000년대 우리나라에는 무농약 논이 채 10퍼센트도 되지 않았다. 지금은 어떤가? 그때보다 더 나쁘다. 아마 이 수치도 더 내려갈 것으로 보인다. 2022년, 황새가 야생 번식하는 예산군의 일곱 개 지역장시면 대리·장전리·관음리, 신양면 무봉리, 덕산면 외라리, 대술면 궐곡리, 봉산면 옥전리의 논에서 모두 제초제를 사용하고 있다. 상황이 이런데 어떻게 이곳에서 황새가 번식하며 살 수 있겠는가? 군에서 한 필지의 논을 임대해, 그곳에만 제초제를 뿌리지 않고 사육사가 이곳에 미꾸라지를 넣어 주고 있는 형편이다. 문득 우리의 옛 선조들이 생각난다. 우리 조상들이 살았던 땅은 황새들에게 살 만한 세상이였기 때문이다.

어느 귀농한 교장 선생님이 나에게 해 준 말이 기억난다. "박사

황새가 살 수 없는 세상
우리도 살 수 없습니다

님, 고추는 농약을 뿌리지 않으면 수확이 거의 불가능한 작물입니다. 내가 먹으려고 농약을 뿌리지 않으니 수확량이 다른 곳의 절반도 안 됩니다. 수확한 것도 모양이 너무 형편없어요." 인삼밭을 재배하는 한 환경운동가 농부는 "교수님! 저는 절대 인삼을 먹지 않습니다. 무려 60회나 되는 농약을 사용하는 곳이 우리나라 인삼밭입니다."

나는 더 늦기 전 우리도 국가 지도자의 생태 복원 선언을 듣고 싶다. 진정으로 이 땅과 백성을 위해 정치하는 지도자를 보고 싶다. 어디선가 황새가 이렇게 말하는 것만 같다. "과연 이곳이 선진국 맞나? 이런 생태계로 어찌 선진국 문턱을 넘을 수 있나? 황새가 살 수 있는 세상을 만들지 못하는 나라는 결코 선진국이 될 수 없다." 황새 복원은 이대로 끝날 것인가? 사람들의 무관심 때문에 황새의 걸음이 멈추어 서면 안 된다.

내가 사는 곳은 국회의사당 근처다. 여의도공원을 산책하다 보면 충남 예산군에 방사한 황새들이 생각난다. 오늘도 무사한지 궁금하다. 전신주 감전으로 목숨을 잃지는 않았는지, 농약을 먹고 신음하고 있지는 않은지, 낚싯줄에 발목이 끊어져 한 다리로 헤매고 다니지는 않는지.

이 나라 국토에 뿌려지고 있는 농약의 참사를 막아 보려고 영부인 앞으로 편지를 보낸 적이 있다. 하지만 대통령실이 아닌 예산군으로부터 한 통의 공문을 받았다. 공문의 내용은 "왜 이런 것을 대통령실에 보내 예산군을 귀찮게 만드는가"였다. 답장이 없는 게 훨씬 나을 뻔했다는 생각이 들었다. 설마 했는데, 우리 대통령의 마음 속에 국민의 건강은 애당초 없었다.

황새가 살 수 없는 세상
우리도 살 수 없습니다

기후변화로
　　　　멸종 위기 상황에 처한
새들

　　　　　　　내가 교원대에 재직할 당시 학교에 약 1만 제곱미터 규모에 그물을 씌워 놓은 황새사육장이 있었다. 그물코가 5센티미터나 되니 보통 눈이 내리면 눈이 그물을 통과하지만 폭설이 내리는 날이면 눈이 빠져나가지 못하고 그물 위에 그대로 차곡차곡 쌓인다. 그래서 눈이 많이 오는 날이면 연구원에 비상이 걸린다. 연구원들이 밤을 새워 눈을 털어 주어야만 지붕이 무너지는 것을 막을 수 있기 때문이다.

교원대에서 황새 복원을 시작한 지 10년째가 되는 해 3월 초였다. 3월의 폭설은 청주에서 참 이례적이었다. 습기를 머금은 눈은 금방 얼음으로 변했다. 그날 밤 폭설로 황새사육장 지붕 그물이 폭

삭 무너질지도 모른다는 걱정에 밤새 연구원들과 함께 눈과 사투를 벌인 일이 기억난다. 그다음 날 농촌의 비닐하우스, 골프연습장의 철제 기둥, 동물원의 대형 조류 사육장이 무너져 내렸다는 기사가 전국 언론에 나왔다.

여기저기서 대형 산불이 일어나고, 폭우로 산사태가 발생하는 일이 잦아지고 있다. 가뭄으로 강바닥이 드러나고 물류를 실어 나르는 선박 운항이 멈추었다는 유럽의 소식도 들렸다. 과학자들은 지구의 생물 종이 더 빠른 속도로 멸종 위기 상황으로 가고 있음을 경고하고 있다. 지구의 재앙으로 이어지는 금세기 이런 지독한 기후변화는 지구의 탄생 이후 처음 겪는 일이라고 한다.

인간들의 탐욕은 끝이 없다. 우리 다음 세대를 생각하면 이 기후변화가 너무 무섭다. 기후의 역습이라 할 만하다. 우리나라도 집채만 한 파도가 아파트 지하 주차장으로 밀려 들어가 사람도 죽고 재산 피해도 나는 참사가 발생하기도 했다.

새는 물론이고 사람이 직면하고 있는 가장 큰 환경문제 중 하나가 기후변화다. 기후변화는 생태계를 교란하고 인류 사회가 의존하고 있는 기본적인 천연자원을 위태롭게 한다. 새들은 비교적 쉽게 관찰할 수 있고, 둥지 가까이에서 조사할 수 있다. 뿐만 아니라 먹이 공급에 대단히 민감하기 때문에 기후변화가 미치는 영향을

황새가 살 수 없는 세상
우리도 살 수 없습니다

연구하기에 좋은 모델이다. 새끼를 키우는 일은 무척 힘들기 때문에 대부분의 새가 먹이가 가장 풍부한 시기에 번식을 하는 행동 메커니즘을 발전시켜 왔다. 미묘한 온도 변화도 먹이사슬의 최하부에는 중요한 파급효과를 미치기 때문에, 먹이의 양과 시기를 바꾸고 잠재적으로 새의 생식과 생존에 커다란 영향을 미친다.

검은머리갈매기는 원래 우리나라에서 번식하는 새는 아니었다. 그런데 1998년부터 우리나라에서 번식개체군이 발견되기 시작했다. 원래 번식지는 중국 랴오닝성과 허베이성 서부 해안의 광활한 염습지다. 기후변화 때문에 새들이 대개 번식지를 북에서 남으로 옮기는 추세라, 검은머리갈매기도 우리나라 시화호에서 처음 번식 개체군이 발견되었으니 남쪽으로 내려온 셈이다. 지금은 시화호가 개발되면서 이 번식 개체군이 송도매립지로 이동했다. 2015년 봄 송도매립지를 조사했을 때 검은머리갈매기는 약 200 둥지였다. 개체 수로 하면 약 400마리 정도 된다. 전 세계적으로 약 9000마리 정도 있다고 추산하고 있는데, 약 4~5퍼센트가 우리나라에서 번식하고 있는 셈이다. 국제자연보존연맹IUCN은 이 새를 멸종위기II급으로 지정하여 보호하고 있다. 이 새는 번식기에 이르면 머리 부분이 검게 변하고 눈 주변에 흰 테를 두르고 있

꽃송이 아래 검은머리갈매기 2018 검은머리갈매기는 갈매기지단 성격이 여느 갈매기와는 완전히 다르다. 일반 갈매기류는 매우 사나운 편이지만, 검은머리갈매기는 매우 온순하다. 번식기가 되면 머리 부분이 검게 변하고 눈 주위에 안경을 쓴 것처럼 흰 테두리 무늬가 생긴다. 그래서 그 이름도 검은머리갈매기로 불리는데, 모습이 작은 펭귄을 닮았다.

황새가 살 수 없는 세상
우리도 살 수 없습니다

어 보통의 갈매기와 많이 달라 보인다.

송도매립지가 개발되면 이 새들이 살 곳이 없다는 것이 문제다. 개발이 되면 이 새들의 번식지가 사라지는 것은 시간 문제다. 그래서 나는 환경부의 허가를 받아, 앞으로 완전히 사라질 것을 대비해 인공적으로 번식시킬 계획을 세웠다. 멸종 위기 조류를 증식시키는 방법은 알을 없애면서 추가 산란을 유도하는 것이다. 이 검은머리갈매기는 한 번에 두 개의 알을 낳는데, 두 개의 알을 빼내면 한 번 더 두 개의 알을 낳는다. 이런 식으로 2015년 5월에 송도매립지에서 40개의 알을 실험실로 옮겨와 38마리의 새끼를 얻을 수 있었다.

새끼들은 무럭무럭 잘 자랐다. 그런데 최근 18마리가 병을 앓고 있다. 다리에 물집이 생기고 발에 흰 반점이 생겨나는, 일종의 조류 수두에 걸린 것이었다. 아직 조사 중이지만 정확한 병원균 이름은 확인되지 않고 있다. 이 새를 야외에서 연구하고 있는 내 동료가 검은머리갈매기가 새끼 때 이 병에 걸린 모습을 발견한 적이 있다고 알려 주었다.

이 검은머리갈매기 인공 증식을 하기 전 우리 연구팀은 우리나라에서 아주 흔한 우리나라 텃새 괭이갈매기를 15년 이상 연구한 적이 있다. 그런데 이 괭이갈매기에게서는 이런 병을 여태 발견하지 못했기 때문에, 이번 검은머리갈매기의 발병은 예상하지 못한 일로, 인공 증식의 복병이 되고 있다.

아마도 이 병 때문에 이 검은머리갈매기가 멸종 위기 상황으로 가고 있는 것이 아닐까, 하는 생각이 든다. 이 생각이 맞다면, 결국 기후변화가 먹이 부족, 일부 개체군의 번식지 이동, 원래 번식지에서 떨어져 나온 개체군 내에서 일어나는 근친교잡현재 연구 중, 그리고 근친교잡이 원인이 되어 생기는 병원균 때문에 사망률이 높아져 이 조류의 멸종은 그리 어렵지 않게 점칠 수 있다.

기후변화는 조류와 다른 야생동물의 광범위한 멸종을 유발할 것이다. 지표면 온도가 섭씨 2.8도 상승한다는 현실적인 가정을 했을 때, 2100년까지 약 500종의 육상 조류가 멸종하고 2000종의 다른 생물들이 멸종 위기에 처한다고 전문가들은 예측하고 있다. 인간의 활동으로 생긴 기후변화, 생물들에게는 그 새로운 환경에 적응할 시간이 너무 짧다는 것이 문제다.

황새가 살 수 없는 세상
우리도 살 수 없습니다

황새가 있는 풍경 2022   우리의 자연이 좀 더 풍요
로워졌으면 좋겠다. 꽃도 아름답지만, 밭일을 하며
땀을 흘리는 사람들의 모습도 아름답다. 우리 곁에
황새는 계속 남아 있고 싶어 한다.

살맛 나는 세상2019   황새가 있는 미래의 자연에서 우리 아이들이 행복해졌으면 좋겠다. 현재와 미래가 공존하는 삶, 황새를 통해 그런 날이 오기를 고대한다.

황새가 살 수 없는 세상
우리도 살 수 없습니다

글을
마치며

　　　　　나의 황새 복원은 충남 예산군에서 시작되었습니다. 그동안 군수가 세 번 바뀌었습니다. 첫 번째 군수는 나에게 꼭 황새를 예산군에 복원시켜 달라 부탁한 분이고, 두 번째 군수는 전임자가 유치한 사업이다 보니 마지못해 하는 정도였습니다. 세 번째 군수는 어떨까, 너무 궁금했습니다. 2022년에 새 군수로 바뀌고 나서 나는 새 군수에게 다음과 같이 한반도 황새 복원 성공을 염원하는 편지를 보냈습니다. 글을 마치며 당시에 썼던 편지 전문을 여기 옮깁니다. 현재 방사한 황새들은 대부분 예산군 밖, 한반도 전 국토에서 안정된 서식지 없이 떠돌이 생활을 하다가 다시 사라져 가고 있다는 사실을 직시해야 합니다.

<u>예산의 출렁다리 2017</u> 군수님! 예산에 일제강점기 때부터 지금까지 대를 이어 온 황새 지킴이가 있다는 사실을 아시는지요? 방사한 황새 대부분이 안정된 서식지 없이 떠돌이 생활을 하다가 다시 사라질 위기에 처해 있다는 사실을 기억해 주세요.

글을 마치며

새 군수님께 드리는 글

지난번 군수님이 도민 체육대회 개막식을 하며 공설운동장에서 황새를 날려야 한다고 주장해 너무 당황했던 기억이 납니다. 그래서 새 군수님은 조금 달라졌으면 하고 기대했습니다. 2022년 6월 13일, 새 군수님은 취임 기념으로 또 황새 일곱 마리를 날린다며 사진을 찍었습니다. 그리고 지금까지 번식한 개체를 포함하여 195마리가 자연에 돌아갔다고 지역신문을 통해 예산군 자랑을 했습니다.

지난 2014년 교원대는 황새 60마리를 예산군에 인도했습니다. 예산군 홍보용으로 준 것이 아니라 잠시 빌려 주었을 뿐입니다. 현재 예산군에 있는 황새들은 교원대와 예산군이 황새임치규정 협약을 맺었기 때문에 연구 목적으로 '임치'되어 있는 상태입니다. 1971년 충북 음성군에서 한반도 마지막 황새 쌍이 발견 이후, 황새는 우리 땅에서 완전히 사라졌습니다. 학자들은 멸종 원인을 산업화와 농약 과다 사용, 축사의 분뇨, 무분별한 농경지 개발에서 찾고 있습니다.

한반도 황새 야생 복귀를 기획하고 설계했던 학자로 한 말씀 드립니다. 황새 방사 행위는 모두 '연구'에 초점이 맞추어져야 합니다. 그래서 학자들은 이를 '시험 방사'라 부릅니다. 시험 방사가 이렇게 해마다 반복되어서는 안 됩니다. 시험 방사한 개체들은 반드시 검증이 필요합니다. 야생에서 얼마나 생존할 수 있고 적응할 수 있는지 조사해 그 결과를 학술지에 투고한 후 전문가들로부터 검증을 받아야 합니다. 검증 결과에 따라 그다음 방사 여부도 결정됩니다. 현재 예산군에서는 7년째 방사를 하고 있습니다. 그동안 검증을 받은 논문들이 나왔는지 묻고 싶습니다. 그런 과정 없는 예산군의 무분별한 방사 행위는 당장 주민 피해로 이어집니다. 시간이 흐르면 이런 무분별한 방사 행위는 결국 예산군의 황새 복원 사업 실패로 이어질 것입니다. 이렇게 하다가는 우리 후손들에게 정말 면목 없는 일이 되고야 맙니다.

지금이라도 제발 예산황새공원을 생태 복원 전문가에 맡겨 운영될 수 있도록 제도를 만들어 주십시오! 예산군의 황새복원사업은 예산군 내 하나의 사업소로 운영되어서는 결코 안 됩니다. 제도적으로 학계가 인정하고 국민이 신뢰할 수 있는 범국민적 기구로 만들어야 합니다.

교원대에서 정년퇴임을 하고 예산군으로 거처를 옮겨 2년간 산

적이 있습니다. 그때 해결해야 할 민원을 이제야 제기합니다. 그곳 지역구 국회의원인 홍문표 의원을 통해 '농경지생태관리기본법' 일명 '황새법' 입법 발의를 할 것을 제안합니다. 홍의원의 보좌관을 지낸 분이기에 할 수 있다고 믿습니다.

멸종위기야생생물 I 급이자 우리나라에서 완전히 사라진 황새는 국가 공공 재산입니다. 만일 이 황새가 개인의 땅에서 번식한다면 국가는 어떻게 해야 할까요? 유럽에서는 '농경지생태관리기본법'을 만들어 농민들에게 보상해 주는 제도가 마련되어 있습니다. 물론 같은 멸종 위기 종이라도 국유지에 복원시킬 경우, 보상은 따로 필요하지 않습니다. 반달가슴곰, 산양, 여우 등이 그렇죠. 그러나 황새는 개인의 땅에 살면서 주민들이 농약을 뿌리지 말아야 살아갈 수 있는 종입니다. 우리 조상들이 살던 자연에서는 황새들이 참 행복하게 살았었습니다. 무엇보다 풍부한 먹이가 있었기 때문이죠.

예산군 안에서 황새가 번식하고 있는 곳의 농민들은 지금 농약을 사용하지 않고 농사를 짓고 있나요? 아마 황새를 위해 친환경농업 단지 조성 사업을 하고 있다 말하겠지요. 이런 것들은 황새가 없는 곳에서도 얼마든지 하고 있습니다. 단순한 친환경농업으로는 황새 복원이 어렵다는 이야기입니다. 문제는 우리나라

쌀 수매 제도에 있습니다. 황새를 핑계로 특별히 고가로 쌀을 팔 수 없는 게 우리의 현실입니다. 그래서 황새 같은 멸종 위기 종이 농민 개인 소유의 땅에서 번식하고 있을 때, 국가가 농민들에게 논 생태 관리비를 지불하는 것은 지극히 당연하다고 생각합니다.

우리나라도 이 법이 예산군 지역구 의원으로부터 입법·발의될 수 있도록 힘써 줄 것을 간곡히 부탁드립니다. 이 법이 시행되면 농민들은 국가로부터 농약을 쓰지 않을 수 있는 권리도 보장받을 수 있습니다. 우리나라는 전체 논 가운데 농약을 쓰지 않고 농사짓는 논이 10퍼센트도 채 안 됩니다. 지금도 방사한 황새들이 농약 중독으로 우리 곁에서 계속 사라져 가고 있습니다. 오염된 농촌 생태로는 우리 아이들도 건강하게 키워 낼 수 없습니다.

더 이상 황새를 사진 찍는 일에 동원해서는 안 됩니다. 군수님이 방사한 황새들은 지금 사지死地에 내몰려 농약 중독사, 전신주 감전사를 당하고 있습니다. 병든 우리 농촌 생태계 때문에 제 수명도 다하지 못하고 사라져 가고 있다는 사실을 아셔야 합니다.

지난 군수님은 연구원들에게 황새 방사를 강요했습니다. 아마 군으로부터 연구비 명목으로 급료를 받고 있으니 연구원들도 어쩔 수 없었을 겁니다. 하지만 군에서 월급을 주는 연구원들은

글을 마치며

따로 할 일이 있습니다.

'농경지생태관리기본법'이 제정되면, 그들은 현재 예산군에 있는 황새 번식지 일곱 곳대리, 장전리, 관음리, 무봉리, 외라리, 궐곡리, 옥전리에서 조사·관리하는 일을 수행해야 합니다. 주민들에게 논생태관리비를 적법하게 배분하는 일도 연구원들의 몫입니다. 제가 대략 추정해 보았을 때 약 3000가구 정도가 수혜 대상이 됩니다. 황새 둥지를 중심으로 반경 2.6킬로미터 내 가구 수를 계산해 나온 수치입니다. 황새 한 쌍이 살아가려면 적어도 여의도 크기만 한 땅이 필요합니다. 법이 만들어진다면 대상 주민들은 논생태관리임무표를 작성합니다. 이 일이 이루어지려면 연구원들의 도움이 필수적입니다. 이 제도가 도입되면 1가구당 200만 원, 연간 60억 원 정도의 예산이 소요됩니다.

황새가 번식하고 있는 예산군 주민들은 열심히 황새를 살리기 위해 농사짓는 일에만 몰두해야 합니다. 이를 위해 군수님께서 '농경지생태관리기본법' 마련에 예산군의 명운을 걸고 나서 주시기를 간곡히 부탁드립니다.

교원대 전 황새생태연구원장 박시룡

글을 마치며

황새가 살 수 없는 땅
사람도 살지 못해요

글·그림 박시룡

초판 1판 1쇄 펴낸날 2023년 9월 15일

펴낸이 전은정
펴낸곳 목수책방
출판신고 제25100-2013-000021호
대표전화 070.8151.4255
팩시밀리 0303.3440.7277

이메일 moonlittree@naver.com
블로그 post.naver.com/moonlittree
페이스북 moksubooks
인스타그램 moksubooks
스마트스토어 smartstore.naver.com/moksubooks

디자인 studio fttg
제작 야진북스

Copyright ⓒ 2023 박시룡과 목수책방의 독점 계약에 의해 출간되었으므로 이 책에 실린 내용의 무단 전재와 무단 복제, 광전자 매체 수록을 금합니다.

ISBN 979-11-88806-43-0 (03470)
가격 18,000원